水库泄水建筑物过流性能变尺度相似模拟技术与应用

李松平　赵玉良　赵雪萍
苏晓玉　崔洪涛　袁吉娜　著

黄河水利出版社
·郑州·

内 容 提 要

本书针对高水头、大流量、深峡谷等复杂水工水力学问题，以十余项国家级和省级重点工程为依托，开展了水库泄水建筑物过流性能变尺度相似模拟技术与应用研究：一方面建立了建筑物模型比尺与过流性能之间的相互关系，揭示了模型比尺对建筑物水力特性的影响规律，为开展水工程研究与建设提供了技术支持；另一方面对新型 WES 复合堰进行变尺度相似模拟研究，揭示了该堰型过流流态的演变规律，提出了 WES 型复合实用堰与复合宽顶堰及高堰与低堰的划分标准，建立了流量的计算方法。本书可供水利、水电及相关专业的科技工作者及高等院校师生参考使用。

图书在版编目(CIP)数据

水库泄水建筑物过流性能变尺度相似模拟技术与应用/李松平等著. —郑州：黄河水利出版社，2024. 1

ISBN 978-7-5509-3474-0

Ⅰ. ①水… Ⅱ. ①李… Ⅲ. ①水库-泄水建筑物-水流动-水力模型-研究 Ⅳ. ①TV65

中国版本图书馆 CIP 数据核字(2022)第 248688 号

组稿编辑：岳晓娟 电话：0371-66020903 E-mail：2250150882@ qq. com

出 版 社：黄河水利出版社 网址：www. yrcp. com

地址：河南省郑州市顺河路黄委会综合楼 14 层 邮政编码：450003

发行单位：黄河水利出版社

发行部电话：0371-66026940、66020550、66028024、66022620(传真)

E-mail：hhslcbs@ 126. com

承印单位：河南博之雅印务有限公司

开本：710 mm×1 000 mm 1/16

印张：13

字数：238 千字 插页：1

版次：2024 年 1 月第 1 版 印次：2024 年 1 月第 1 次印刷

定价：68. 00 元

前　言

随着我国水电事业的高速发展,高水头、大流量、河谷狭窄等复杂水工水力学问题呈现在世人面前,单纯依靠理论计算分析很难求得解答,更多的则是依靠水工模型试验来重演与原体相似的自然情况。通过对模型进行观测,取得数据,然后按照一定的相似准则引申于原体,从而做出判断。实践表明,水工模型能够预演绝大多数原型工程的复杂三元水流现象。大模型固然受到欢迎,但是随着模型尺寸的加大,模型制造、试验操作,以及人力、物力的消耗也随之加大。而不同比尺的模型,模拟水工建筑物的过流性能略有不同,从经济角度出发,只需要制造出能够满足精度要求,能使水流性能真实地在模型中再现即可。

为了研究水工建筑物变比尺对过流性能的影响,河南省水利科学研究院结合南水北调中线工程左岸排水倒虹吸、治淮重点工程燕山水库、黄河下游防洪工程体系的重要组成部分河口村水库、河南省大型水库鸭河口水库除险加固、国务院 172 项重大水利工程前坪水库等十余项国家级和省级重点工程开展水工建筑物过流性能变尺度相似模拟研究。通过 10 余年科技攻关,破解了水工变尺度相似模拟的关键技术难题,创建了新型 WES 型复合堰的整套技术理论体系,为开展水利工程研究与建设提供了技术支持。试验研究历时 10 余年,先后参加的人员很多,主要参加人员有李松平、赵玉良、赵雪萍、苏晓玉、崔洪涛、袁吉娜等。

作　者

2022 年 6 月

目　录

第1章　绪　论

水是人类和一切生物生存的物质基础,是发展经济、改善民生的基础性自然资源和战略性经济资源。我国幅员辽阔,地形多样,气候复杂,河湖众多,流域面积超过1 000 km^2 的河流有1 500多条,水面面积在1 km^2 以上的湖泊达2 939个。先民逐水而居,以水为伴,既享受江河湖泊的恩惠,也遭受洪魔旱魃的侵扰。从大禹治水开始,中华民族始终在同水旱灾害做斗争。上下五千年,一部中国史,从一定意义上讲,也是中国人民兴水利、除水害的历史。

"善治国者先治水"。中华人民共和国成立以来,党和政府带领全国人民开展了大规模的水利建设,初步形成了防洪、排涝、灌溉、供水、发电等比较完整的水利工程体系,全国已初步建成江河堤防31.2万km,是中华人民共和国成立之初的7.6倍,相当于绕地球赤道8圈多;各类水库数量从1 223座增加到2018年的98 822座,总库容从200亿 m^3 增加到8 953亿 m^3。我国以占世界6%的淡水资源、9%的耕地养育了世界21%的人口并向全面建成小康社会迈进,这是中华民族五千年文明史上前所未有的伟大成就,也是中国人民对世界发展做出的巨大贡献。

河南自古中天下而立,是华夏文明的主要发祥地之一。南宋以前曾几度成为中华民族政治、经济、文化活动的中心地域,中国八大古都河南有其四。河南是全国唯一跨长江、黄河、淮河、海河四大流域的省份。境内河流众多,大小河流1 500多条,其中流域面积超过10 000 km^2 的河流有11条,从北向南依次为漳河、卫河、沁河、黄河、洛河、涡河、沙颍河、洪汝河、淮河、白河、丹江。由于受气候和地貌两个过渡地带的影响,全省降水时空分布不均,水旱灾害频繁,除水害、兴水利,成为历代治国兴邦之大事。从大禹治水建都立国于中原,到隋唐大运河确立的全国水运枢纽地位,再到北宋四水润都孕育出"清明上河图"般的繁华,无不表明中原水利的兴废与国家的盛衰息息相关。

中华人民共和国成立后,河南开启了综合治水、管水、用水的新篇章。在毛泽东主席"一定要把淮河修好"的伟大号召下,20世纪50年代率先建成淮河流域第一坝——石漫滩水库。1958~1960年"大跃进"时期建设了黄河干流第一坝——三门峡水库。20世纪90年代中期以后,先后修建了小浪底和西霞院、盘石头、燕山、河口村等大型水库,2015年10月开工建设前坪水库。

截至2019年年底,河南省已建成水库2 509座(含黄河水利委员会管辖的4座大型水库)。建成了举世瞩目的南水北调中线工程。至2019年,水利基础设施的建设保障了河南粮食总产连续15年创历史新高,促进了社会经济的发展和繁荣。

科技创新为水利发展提供了强有力的技术支撑。在盘石头水库、燕山水库、河口村水库、前坪水库、鸭河口水库建设或除险加固过程中,以及南水北调中线黄河以北倒虹吸建设中,河南省水利科学研究院开展了大规模水工模型试验,对建筑物的过流能力、流速流态、压力、水面线、冲刷等水力特性进行了研究,提出了优化修改方案,有效规避了泄流能力不足、流速流态不好、压力水面线超出防护、冲刷不利、体形不合理等问题,为建筑物的合理布置提供了理论依据和技术支撑。

1.1 国内外研究现状

1.1.1 水工模型分类

水工模型试验是指针对水工建筑物的工程力学及工程设计等问题进行研究的模型,包括水工常规模型和水工专题模型。

按照模拟原型的完整性分为整体模型、半整体模型、局部模型、概化模型、断面模型。整体模型是指为模拟研究对象整体而建立的模型,模型范围一般包括研究对象及其上下游和左右边界的一定范围。例如,当研究河道中水利枢纽工程的总体布置时,就需要将所研究的枢纽建筑物及上下游一定河段,按一定的比例缩制成模型进行试验,这就叫作整体模型。如一些水工建筑物两边对称,水流情况也对称,可以研究一半来代替整体,这时可采用半整体模型。局部模型是指为模拟研究对象的某个局部而建立的模型。当主要要求研究某些水工及河工的水流泥沙运动特性,或仅为数学模型提供相关参数时,可将研究对象进行概化,然后进行研究,称为概化模型。当研究的问题可以简化为二维时,可以建立以原型断面为研究对象的模型,即断面模型。断面模型一般在水槽中进行试验,如研究泄水建筑物堰面压力分布、上下游水流衔接、消能工作用及下游局部冲刷等,一般截取枢纽坝轴线的一段制成模型,安装在玻璃水槽中进行试验研究。

按照模型结构组成分为定床模型和动床模型。定床模型是指模型地形在水流等动力条件作用下不发生变形的模型。动床模型是指模型床面铺有适当厚度的模型砂,其地形在波浪、潮流、水流等动力条件作用下发生冲淤变化的模型。如研究河床演变、水工建筑物下游局部冲刷等,需按照相似条件将模型床面做成活动河床进行研究。动床模型根据动床的范围又分为全动床和局部动床;根据模型原理泥沙运动情况又可分为推移质泥沙模型、悬移质泥沙模型和全沙模型。推移质泥沙模型是指模拟原型推移质(底沙)泥沙运动的模型;悬移质泥沙模型是指模拟原型悬移质(悬沙)泥沙运动的模型;全沙模型是指同时模拟原型推移质和悬移质泥沙运动的模型。

按照模型比尺关系分为正态模型和变态模型。正态模型是指将原型的长、宽、高三个方向尺度按照同一比例缩制的模型。变态模型是采用几何比尺与平面比尺不同来缩制模型。水工模型一般要求采用正态模型,不能采用变态模型。

水工模型按照模拟方法可分为物理模型、数学模型和复合模型等。物理模型是指将研究对象按照一定的相似条件或相似准则缩制的实体模型。物理模型具有直观性强,对工程结构近区模拟的准确性高,并能准确反映复杂几何边界、复杂流态等方面的优点,但它受模型比尺等的限制。

本书研究的对象均为正态物理模型,采用了整体模型和局部模型对水工变尺度相似模拟、糙率模拟等进行研究,运用定床和动床的对比研究,对河床基质变尺度相似模拟进行了冲刷研究。

1.1.2 国内外研究概况

关于相似现象的描述,1686 年在牛顿(I. Newton)的著作中已有阐述,牛顿在理论上对其三定律就是用两个物体做相似运动来表述和论证的,后来又提出了被称为牛顿数的相似准数。但直到 1848 年,别尔特兰(J. Bertrand)首先确定了相似现象的基本性质,并提出尺度分析的方法。1872 年左右,弗劳德(W. Froude)进行船舶模型试验,提出了著名的弗劳德数,奠定了重力相似律的基础。1882 年,法国 J. B. 傅里叶提出了物理方程必须是齐次的。

模型相似重要的理论基础和方法手段之一就是因次分析,而因次分析的意义和作用又远超出模型试验的范围,是整个物理科学体系中的重要一环。没有因次分析就不能揭示品类繁多的各种物理量之间的关系,就不能建立严格的单位系统,也不能正确建立和检验各种数学物理方程。相似概念不仅是试验模型的基本特性,也是一切物理试验数据处理的基础和某些物理方程求解的手段。因次分析就是以最普遍的函数形式描述所悠久的物理现象的方程分析。

在实践上,有资料表明英国在1741年前就已进行过大量炮舰的水池拖曳试验;法国的动床模型试验约在1875年;雷诺(O. Reynold)层流和紊流试验在1883年;1885年雷诺第一个应用弗劳德数进行摩塞(Mersey)河模型试验,研究潮汐河口的水流现象;1886年,费弄-哈哥特(Veron-Harcourt)又进行了莱茵河河口模型试验;1898年恩格思(H. Engels)在德国的德累斯顿(Dresden)工科大学首创河工实验室,从事天然河流的模型试验。不久,费礼门(J. R. Freeman)创设美国标准局水工实验室,从事水工建筑物的模型试验。此后,欧美各国水工实验室的兴建蔚然成风。

在理论研究方面,普朗德(L. Pradntl)、泰勒(G. I. Taylor)和卡门(T. V. Karman)等均有很大的成就,尤以紊流及边界层的研究著称。此外,爱斯纳(F. Eisner)、巴普洛夫斯基、基尔皮契夫和尼古拉兹(Nikuradze)等,在相似理论和试验技术方面都做出了贡献。

将原型泄水建筑物按比例缩小成几何相似的缩尺模型,按动力相似准则进行试验研究,称为水工模型试验。水工模型试验具有悠久的历史。早在18世纪初,欧美诸国已建成许多水工实验室,从事水工、河工、港工水力机械等方面的缩尺模型试验,效益显著。我国于20世纪30年代初期,先在德国进行黄河治导工程模型试验,同时开始酝酿和筹建国内的水工试验厅,引进西方水工模型试验技术。1933年在天津成立全国第一个水工实验所。清华大学的水力试验馆于1934年建成。1935年在南京筹建中央水工试验所,后改为南京水利试验处,即现在南京水利科学研究院的前身。1956年原水利部、电力工业部和中国科学院在北京成立了水利水电科学研究院,成为我国水利科学研究的中心。随后我国各地又建成了一系列以水工试验为主的机构,比如西北水利科学研究所、长江水利水电科学研究院等,到1999年,全国可以进行水工模型试验研究的单位已多达40余个,它们在我国的水利水电事业的发展壮大上是功不可没的。

我国一些学者在水工模型试验糙率理论、消能冲刷、堰流特性等方面开展了大量研究。李纯良、卞华、张小琴、孙东坡等对糙率进行了深入研究。李纯良(1991)结合西石门铁矿马河治理工程水力模型试验的具体情况,在室内40 cm玻璃水槽中进行了定床加糙的试验研究。首先对水泥砂浆表面的刨坑加糙进行了研究,然后进行了水中拉线加糙试验。通过试验得到刨坑加糙所起加糙的作用不明显,水中拉线是一种有效的加糙方法,基本否定了通常认为定床河底糙率是一个常数的习惯观点。卞华等(1998)开展了二维加糙明渠紊流结构的试验研究,获得了比较全面的紊动结构及阻力资料,并系统地分析了试验成果,着重探讨了二维粗糙床面的理论基面、当量糙率值的确定,以及粗糙对时均结构和脉动结构的影响等问题。张小琴等(2008)总结了糙率确定的基本方法及其新进展,分析了糙率修正领域的主要研究成果,并提出了未来河道糙率研究的主要问题及注意事项。孙东坡等(2014)提出了在有机玻璃上贴膜实现加糙的方法,该方法加工方便,加糙度统一且具有一定可视性,是水工模型制作上一种很好的新型加糙方式。赵海镜等(2015)开展了草垫加糙方法的系列试验研究,计算了草垫加糙能够达到的糙率范围,得到了加糙后糙率与弗劳德数之间的变化关系,分析了草垫加糙对底部水流的影响,提出了草垫加糙的最小适用水深。将草垫加糙方法应用于滦河迁安段综合整治水力模型,试验结果表明,草垫加糙不仅可以达到模型糙率要求,而且能够很好地模拟河道的阻力特性,证明了草垫加糙方法的可行性。

陈椿庭、余常昭、夏维洪等对水工建筑物局部冲刷进行了深入的研究。陈椿庭(1963)首先探讨了溢流高坦采用鼻坎挑流消能的各段能量损失,估计射流在水垫中所消失的能量。推导得出水垫的单位体积消能率公式,求得满足消能需求的水垫体积,根据水垫的几何形状,得出估计水垫内最大水深的计算式,并根据十二点原型观测和模型试验资料,对提出的冲刷深度估算公式进行了校核比较。余常昭(1964)对高坝挑流的消能问题做了比较全面的论述,从能量平衡角度出发分析,对局部冲刷进行了估算。夏毓常(1996)通过将若干已建工程鼻坎挑流岩基冲刷的原型观测资料与模型试验成果做对比分析,探讨了冲刷深度、水舌抛距、冲刷坑形状及堆丘等方面原型、模型之间的相似程度及缩尺效应,提出了关于岩基冲刷的试验方法及计算冲刷深度的经验公式。夏维洪(1997)对散粒体方法进行基岩冲刷模型试验并做了某些改进,利用冲刷坑深度与冲刷坑基岩粒径相关的公式对冲刷坑进行了模拟,结果表明模型材料的粒径可以用几何比尺换算,也可以用公式推导出的比尺进行选择,这样在选用模型材料粒径时,可放宽一些限制,使试验方便些,并对冲刷坑下游的堆积体高度进行了探讨,提出了相应的计算方法。邓军等(2002)通过对水垫塘纯水淹没射流特征的分析,提出高速射流的脉动压力是基岩破碎、解体的最主要原因,脉动压力的特性与基岩的节理、裂隙的特性共同决定基岩破碎、解体后岩块的大小、分布情况等,而冲刷坑的形成则主要是由于水流速度的作用将岩石带向下游;基岩破坏后的岩块特征将影响冲刷破坏的方式,对于基岩破碎后,其岩块非常均匀且排列整齐的情况,以岩块能否被拔出作为判断是否冲刷的条件;而对于基岩较破碎的情况,将岩块的移动概化为正方体的滚动较能反映实际破坏过程,也能解释实际工程中冲刷坑后出现的超大岩块的现象。戴梅等(2005)根据岩基的抗冲能力,用原型岩基的允许流速换算成模型流速后作为起动流速的方法,来选择模型冲料粒径,提出选择模型冲料粒径时可用 $V=8\sqrt{D}$ 计算,并用工程实例进行了验证。杨晓等(2017)针对低水头闸坝工程泄洪时普遍存在消能不充分、出池水流强烈冲刷下游河床等问题,在相同水力条件下通过10组不同试验材料的局部冲刷试验,研究局部冲刷的机理,分析冲刷部位的流速、流态情况,总结试验材料的不均匀系数和孔隙率对冲刷结果的影响。在此基础上,类比于伊兹巴什公式,运用曲线拟合的方法,得到新的冲粒料起动流速经验公式,为以后的局部冲刷试验选择试验材料提供了一定的依据。

商艾华、戴小琳等对新型 WES 堰进行了研究。商艾华等(2007)通过对凹型复合堰的水力特性的试验研究得出:影响复合堰的主要因素为堰上水头与堰高之比、宽高比;对复合堰流量公式进行了推导,在前人的成果基础上,给出了凹型复合堰统一的公式表达式。戴小琳等(2004)通过对顶部设置橡胶坝的复合堰的试验研究得出:橡胶坝坍坝泄洪时,随着水位的增高,堰顶水流从低水位时的宽顶堰流逐渐向高水位的实用堰流转变过渡。堰顶加橡胶坝,由于坝袋的影响,使流经溢流面的水流紊动强度增大、水股厚度增加。同时,堰顶平台本身对过堰水流也产生一定的顶托作用,增加过堰水流阻力,两者共同作用使得溢流坝实际过流能力低于设计值。

目前,我国大多数学者从解决工程设计中过流能力、结构体形、冲刷消能等水力学问题出发,进行模型试验研究。由于受经费等因素的影响,很多工程不开展模型试验,或者进行单比尺的模型试验,对于同一工程开展变尺度的研究少之又少。本书结合燕山水库、河口村水库、前坪水库新建工程和鸭河口水库除险加固工程的应用,开展了水工建筑物过流性能变尺度相似模拟研究,试图建立建筑物模型比尺-过流性能之间的相关关系,揭示模型比尺对建筑物水力特性的影响规律,为开展水工程研究与建设提供了技术支持。

1.1.3 研究方法及技术路线

我国工程设计中的绝大多数水力学问题仍是通过水工模型试验解决。试验模型通常按重力相似准则进行设计。大量模型试验表明,水工模型能够预演绝大多数原型工程的复杂三元水水流现象。我国待建的大型水利水电工程多具有水头高、流量大、河谷狭窄的特点,高坝大流量泄洪消能是各项工程共有的技术难题。在这方面虽已做了大量的研究,但工程中仍有许多技术难题,因其机理复杂,目前的方法仍难以准确预测实际情况,尚待进一步研究。

一般来讲,水利水电枢纽工程消能形式的研究主要有两种方法:一是理论计算方法,小型水利枢纽工程采用常规消能形式的可以通过这种方法来进行消能工的设计;二是模型试验方法,重要的大中型水利枢纽工程的消能工设计和采用新型消能工的,不仅要进行理论计算,而且还要根据相关规范的要求进行模型试验验证。

水工模型试验是解决复杂水工水力学问题的有力工具和有效手段,其经济效益十分显著,已为广大工程设计和建设人员所公认。待建的大中型重要工程都必须进行水工模型试验,对枢纽布置、泄洪建筑物体形、消能防冲、水流衔接等在模型试验中进行优化比较。此外,对已建工程进行水工模型试验,在工程的安全运用、优化调度、改善和改建等方面,都发挥了十分重要的指导作用。如佛子岭水电站泄洪钢管出口挑流扩散器;大伙房工程输水道淹没射流扩散消能工;新安江水电站厂房顶溢流;猫跳河坝顶溢流接滑雪式溢流面;乌江渡水电站跳跃式厂房;乌江渡、龙羊峡、安康水电站扭曲鼻坎;凤滩、白山水电站高低大差动鼻坎;潘家口水电站溢流坝宽尾墩与挑流鼻坎联合运用;安康水电站宽尾墩与消力塘联合运用;龙羊峡、东江水电站溢洪道窄缝挑坎;冯家山乌江渡、白山、龙羊峡、东江水电站采用的掺气减蚀设施等。这些工程都已建成运行,实践证明,模型试验所提建议是正确的。

本书就是通过水工模型试验的方法,历时十多年,对水工建筑物过流性能的变尺度相似模拟与工程应用进行了有关研究。

1.2　研究工作基础

本书以水工建筑物过流性能变尺度相似模拟研究与工程应用为统领,按照水利部和河南省委、省政府的决策部署,紧跟生产发展需要开展研究。结合《黄河流域水利发展十五计划和2010年规划》对河口村水库整体和泄洪洞、导流洞单体进行了水工模型试验研究;围绕治淮重点工程和国务院172项重大水利工程开展了燕山水库水工模型试验、前坪水库水工模型试验研究;根据南水北调中线工程黄河北左岸排水倒虹吸设计需求,开展了小庄沟、老道井水工模型试验;抢抓全国病险水库除险加固机遇,对鸭河口水库1#、2#溢洪道典型工程进行了研究,发现WES堰在顺水流方向拓宽堰顶演变为一种新的复合堰,并由此深入开展了WES型复合堰的研究。项目的开展,为同类工程的设计研究提供了借鉴、为工程的安全运行和科学调度提供了坚实的理论支撑,有关成果填补了国内相关领域的空白,项目的开展具有重大的社会意义,无疑将迸发出强大的经济效益和生态效益。

1.2.1 结合黄河治理工程开展的研究

结合《黄河流域水利发展十五计划和 2010 年规划》,进行河口村水库整体、导流洞、泄洪洞单体模型试验研究。

河口村水库位于济源市黄河一级支流沁河最后一段峡谷出口处,距五龙口水文站约 9 km。它是黄河下游防洪工程体系的重要组成部分及控制沁河洪水的关键性工程。水库控制流域面积 9 223 km^2,占沁河流域面积的 68.2%,占黄河三花(三门峡至花园口)间流域面积的 22.2%。水库开发任务以防洪为主,兼顾供水、灌溉、发电、改善生态,并为黄河干流调水调沙创造条件。河口村水库工程规模为大(2)型,面板堆石坝,最大坝高 156.5 m,总库容 3.47 亿 m^3,装机容量 20 MW,工程设有大坝、溢洪道、泄洪洞、引水、发电等建筑物。

泄洪洞设高位和低位两条。其中:一条泄洪洞进口底板高程为 210 m,洞深长 582.0 m;另一条泄洪洞进口底板高程为 190 m,洞深长 552.0 m。洞身断面均为 9.0 m×13.5 m 的城门洞形。

溢洪道为 3 孔净宽 12.0 m 的开敞式溢洪道,布置在龟头山南鞍部地带。进口引渠底板高程 259.7 m,采用克-奥 Ⅰ 型实用堰,堰顶高 266.2 m,溢洪道总长度 232.0 m。

河口村水库工程的枢纽布置是否合理涉及工程投资及今后工程运行的安全,枢纽布置中的关键技术问题需通过整体模型试验对原设计方案进行验证,提出设计中的不足,对关键部位的设计通过试验进行模拟,提出合理建议,用于设计方案的调整,因此对枢纽布置中的关键问题研究是非常必要的一个环节。河口村水库枢纽布置具有高水头、大流量、河谷狭窄的特点,属高速水流范畴。高水头、大单宽高速水流问题是高坝大流量泄洪消能工程共有的技术难题。因此,开展导流洞、泄洪洞大比尺单体模型试验对于解决高速水流问题很有必要,意义重大。

为验证河口村水库导流洞布置方案的合理性和优化的可能性,根据重力相似准则,采用比尺 1:40 的单体正态模型系统研究了导流洞泄流能力、水流流态及明满流界限、压力分布、进出口体形、消能防冲等,尝试采用不同进口形式来消除进口漩涡,并提出有利于消能防冲的出口形式。对比试验结果表明,在进水口前布置 V 形消涡梁可很好地消除进口漩涡,同时在导流洞出口布设钢筋笼防护,可有效抑制冲刷坑的进一步发展。

为验证河口村水库泄洪洞布置方案的合理性和优化的可能性,根据重力相似准则,采用1:40的单体正态模型系统研究了泄洪洞的泄流能力、水流流态、压力分布、空化空蚀、进出口体形等。尝试采用不同挑流鼻坎形式来消除2#洞内起挑前跃后水流局部封顶现象,并提出有利于消能防冲的鼻坎形式。根据试验结果,1#泄洪洞采用中墩修改体形能有效地规避宽墩后水冠冲击洞顶的不利流态,同时2#泄洪洞挑流鼻坎采用修改体形可有效地解决起挑前跃后水流局部封顶现象。

为验证工程枢纽布置的合理性及泄洪消能方案的可行性,通过建立1:80工程整体模型,对原设计方案进行了研究,分析了设计方案中存在的问题,本着改善泄洪流态、保证下游冲刷安全和结构合理、便于施工的原则,提出了相应的优化措施,着重就溢洪道、泄洪洞进出口体形进行了多种优化试验,同时对推荐方案的水力特性进行了深入的研究,最终提出较优的推荐方案,解决了枢纽布置中的关键问题。

1.2.2 围绕淮河治理工程开展的研究

围绕治淮工程分别开展了燕山水库水工模型和前坪水库水工模型试验研究。

燕山水库位于沙颍河主要支流澧河上游甘江河上,坝址在河南省京广铁路以西叶县境内保安乡杨湾村官寨水文站下游约1.0 km处。水库控制流域面积1 169 km²,总库容9.66亿m³。工程主要建筑物有拦河坝、溢洪道、泄洪导流洞、输水洞、电站。溢洪道、泄洪导流洞、输水洞及电站均布置在右岸小燕山上。燕山水库是国务院确定的治淮骨干工程之一,是淮河流域规划确定的沙颍河流域防洪工程体系的重要组成部分,是控制漯河市至周口市河道防洪安全的关键性工程。为保障沙颍河两岸人民群众的生命财产安全,控制洪水灾害,促进洪水资源化,国家于2005年年底批复了燕山水库工程。燕山水库的兴建将提高对洪水和水资源的调控能力,大大缓解了沙颍河流域的防洪压力,对保护豫皖两省60万人口的生命财产安全,保障京广铁路、京珠高速公路防洪安全及对提高供水保障能力等均具有重要作用,燕山水库的建设无疑对保障和促进地区经济及社会发展具有重要意义。

通过燕山水库整体水工模型试验,对溢洪道和泄洪洞进出口体形、泄流能力、水流流态、流速分布、压力分布、消能防冲、空化气蚀等进行了系统研究,验证了水库各特征水位下泄水建筑物的泄流能力,校核挡墙的设计高度,分析了泄水建筑物产生气蚀的可能性,提出了优化的进口体形,并根据下游消能、冲刷情况,提出了相应的工程保护措施。项目的开展对于优化工程设计、节省工程投资发挥了重要作用。

前坪水库位于淮河流域沙颍河支流北汝河上游,河南省洛阳市汝阳县城以西 9 km 的前坪村附近,水库控制流域面积 1 325 km^2。总库容 5.90 亿 m^3,为Ⅱ等大(2)型工程。水库泄水建筑物主要由泄洪洞、溢洪道、输水洞、灌溉闸、退水闸等组成,是国家 172 项重大水利工程建设项目之一。前坪水库修建后,配合已建的昭平台、白龟山、孤石滩、燕山水库及规划兴建的下汤水库和泥河洼蓄洪区联合运用,控制漯河下泄流量不超过 3 000 m^3/s,使漯河以下沙颍河干流的防洪标准由目前的 10~20 年一遇提高到远期的 50 年一遇;前坪水库可将其坝址处 20 年、50 年一遇洪水洪峰流量由 3 720 m^3/s、5 580 m^3/s 削减为 460 m^3/s、1 000 m^3/s,将北汝河防洪标准由现状不足 10 年一遇提高到 20 年一遇以上,同时减少了向湛河洼和北汝河与吴公渠之间分洪的压力。

针对前坪水库枢纽工程设计方案,开展了水工模型试验研究,模型试验表明,前坪水库导流洞、溢洪道、泄洪洞整体设计布置合理,上游库区来水平顺,库区水面较为平静,各建筑物敞泄时无大的不良流态,各建筑物泄量满足设计要求,但由于溢洪道位于主坝左岸的山坡垭口处,受库区横向水流影响,进水渠左右岸导墙前部水流流态存在横向偏流,影响水流过闸流态。为较好地改善水流流态,对溢洪道进口右侧 6 种导墙形式进行了试验研究,同时在选择其推荐方案体形的条件下,对左侧导墙优化体形做了 3 种工况的试验研究,起到了设计优化的效果,也为其他工程提供了参考和借鉴。

1.2.3 服务南水北调中线建设工程开展的研究

结合南水北调中线工程左岸排水倒虹吸设计需求,开展了小庄沟、老道井倒虹吸水工模型试验研究。

南水北调中线工程总干渠自丹江口水库始,沿太行山麓之东,北上引水至京津地区,途径湖北、河南、河北、天津及北京五省(市)。该工程的建成将缓解华北水资源短缺状况,是解决黄淮海平原西部缺水的战略性工程,对于国民经济的发展极为重要,因而引起了广泛关注。

南水北调中线工程总干渠河南段,河渠交叉渠道倒虹吸众多,总干渠河南段,共布置左岸排水工程 170 座,其中左岸排水倒虹吸工程 120 座,占左岸排水工程的 70.6%。它的设计直接关系到左岸的洪水出路及总干渠的安全问题。为验证排水倒虹吸工程布置的合理性,如进出口形式、管内流态、淹没深度、管内淤积问题及河道的冲刷和防护等,在黄河北—漳河南(Ⅳ)渠段选择了两个建筑物进行定床模拟试验和动床模拟试验。一是山前坡积平原区、沟型不太明显、设计水头较大的老道井沟排水倒虹吸(设计水头 5.55 m 、1 孔 3 m×3 m);二是沟型明显、规模较大、设计水头比较小的小庄沟排水倒虹吸(设计水头 2.61 m 、4 孔 4 m×4 m)进行水工河工模型试验。通过开展两个倒虹吸水工模型试验,以解决上述问题。

为验证小庄沟、老道井倒虹吸布置的合理性,分别采用了 1:25 和 1:20 的正态模型,系统地研究了倒虹吸的过流能力、进出口布置、管内淤积等问题。通过对进出口体形的优化修改,有效规避了四面进流不利流态,减小了进口漩涡和下游冲刷,大大提升了倒虹吸的过流能力,解决了左岸洪水出路问题,为其他同类工程的设计有较大的参考价值。

1.2.4　立足病险水库除险加固开展的研究

结合病险水库除险加固工程,对鸭河口水库工程溢洪道泄流能力进行了研究。

鸭河口水库位于长江流域汉江支流唐白河水系白河上游,坝址位于河南省南阳市北 40 km 鸭河入白河处的南召县东抬头村附近,是汉江支流白河上的主要防洪控制工程。水库控制流域面积 3 030 km^2,占白河流域总面积 12 270 km^2 的 24.7%,是一座以防洪灌溉为主,兼顾发电、养殖、城市供水等综合利用的大(1)型水库。工程等级为Ⅰ等,主要建筑物为 1 级。主要建筑物有大坝、1#溢洪道、2#溢洪道、左岸输水洞、右岸输水洞及电站等。

其中,1#溢洪道修建于 1959 年,现状堰型为克-奥曲线型,共 4 孔,单孔净宽 12 m;2#溢洪道修建于 1989 年,WES 堰型,共 4 孔,单孔净宽 12 m。根据 1#溢洪道存在的问题,结合鸭河口水库工程的运行条件和现场施工条件,通过多方案比较,最后选定两个方案需对其过流能力、水流条件等方面做进一步的比较,以便选取最佳方案。

项目结合鸭河口水库除险加固工程实际,进行了多方案 1#、2#溢洪道过流能力和流态分布规律水工模型试验研究,研究成果对优化鸭河口除险加固工程设计,保证工程安全运行具有重要意义。根据水库的调度运行方式,针对 1#、2#溢洪道联合运行的复杂流态,进行了进口翼墙、进口横向水流、闸墩高度及下游河道边墙对泄流影响的全面分析研究,为优化溢洪道体型设计提供了重要的技术支撑。通过试验研究,提出了 WES 实用堰堰顶宽度延长后,堰顶宽度 δ 与堰顶水头 H 的比值 $\delta/H>2.0$ 时,其泄流能力与宽顶堰的泄流能力较为接近的结论,具有创新性。

1.3 研究目标与任务

本书为了研究水工建筑物过流性能的变尺度相似模拟，结合工程应用做了一系列的组合试验。通过燕山水库整体水工模型试验；南水北调中线工程小庄沟水工模型试验、南水北调中线工程老道井水工模型试验；河口村水库整体，导流洞、泄洪洞单体；前坪水库整体，溢洪道、泄洪洞单体；鸭河口水工除险加固1#、2#溢洪道水工模型试验；WES型复合堰水力特性研究总结变尺度相似模拟对水工建筑物性能的影响，填补国内相关领域的研究空白，推动水力学向前发展，同时积累经验、培养水利科研队伍，以便更好地服务社会发展。

具体的主要研究内容如下：

(1)总结论述水工模型试验的相似原理，模型比尺选择原则，定床模拟方法、糙率的模拟，动床模拟方法和抗冲磨材料的选取以及对流速、水位、流态、压力等观测设施设备精度的要求，并提炼出水工变尺度相似模拟试验方法。

(2)研究变尺度相似模拟对水流特性确定的影响分析。通过对比河口村水库1#、2#泄洪洞在1∶40单体模型和1∶80整体模型下，比尺变化对泄洪洞过流能力、水流流速流态、压力、掺气、水面线等水力特性的影响。研究前坪水库泄洪洞在1∶40与1∶90两种不同比尺，溢洪道在1∶50与1∶90两种不同比尺情况下，比尺变化对泄洪洞、溢洪道水流特性的影响。

(3)研究糙率变尺度相似模拟对流量系数测定的影响，总结糙率研究方法，分析模型糙率的变化，导致行近流速水头、侧收缩系数的变化，从而对流量系数带来的影响。

(4)研究河床基质变尺度相似模拟对冲刷程度评定的影响分析。分析研究比尺不变、抗冲流速不同的材料带来的变化。研究采用岩块尺寸几何缩制法和抗冲流速法所带来的影响。

(5)将WES堰的堰顶增加一平段衍变为WES型复合堰，通过改变堰顶厚度及上游堰高形成一系列不同体形的WES型复合堰，由过堰水流流态和流量系数的变化规律，探讨了将WES型复合堰划分为WES型复合实用堰与WES型复合宽顶堰，以及将WES型复合实用堰划分为高堰与低堰的划分标准，并在高堰、低堰的划分标准中考虑了堰顶厚度的影响。此外，按堰型分类给出了设计水位下流量系数的拟合公式，为进一步研究奠定了基础。

第 2 章　水工变尺度相似模拟试验方法

2.1　模型试验基本理论

水工模型试验以相似理论为基础,即要遵循几何相似、运动相似和动力相似。对于水工模型试验来说,根据试验的内容和要求的不同,或者试验场地的限制,试验可以采用不同类型的模型。按模型模拟的范围分为:整体模型、半整体模型、局部模型、断面模型。按床面性质分为:定床模型、动床模型。按模型几何相似性分为:正态模型、变态模型。

2.1.1　相似比尺

2.1.1.1　几何相似

几何相似指两种物体之间形状的相似,即原型和模型之间长度比例 λ_L 为一定值,即

$$\left.\begin{aligned}\lambda_L &= \frac{L_1}{L_2}\\ \lambda_S^2 &= \frac{S_1}{S_2}\\ \lambda_V^3 &= \frac{V_1}{V_2}\end{aligned}\right\} \tag{2-1}$$

式中　L——单位长度;

S——单位面积;

V——单位体积。

2.1.1.2　运动相似

运动相似指原型与模型两个流动中任何对应质点的迹线是几何相似的,而且任何对应质点流过相应线段所需要的时间又具有同一比例。或者说,两个流动的流速场(或加速度场)是几何相似的,这两个流动就是运动相似。运

动相似要求原型与模型的时间比尺 λ_t 为一定值，即

$$\lambda_t = \frac{t_P}{t_M} \tag{2-2}$$

式中 P——原型；

M——模型；

t——时间。

流速比尺 λ_v 和加速度比尺 λ_a 分别为

$$\lambda_v = \frac{v_P}{v_M} = \frac{L_P/t_P}{L_M/t_M} = \frac{\lambda_L}{\lambda_t} \tag{2-3}$$

$$\lambda_a = \frac{a_P}{a_M} = \frac{L_P/t_P^2}{L_M/t_M^2} = \frac{\lambda_L}{\lambda_t^2} \tag{2-4}$$

式中 v——速度；

a——加速度；

其余参数表征的物理意义如前所述。

2.1.1.3 动力相似

原型和模型流动中任何对应点上作用着同名的力，各同名力互相平行且具有同一比值则称该两流动为动力相似。如果原型流动中有重力、阻力、表面张力的作用，则模型流动中在相应点上亦必须有这三种力作用，并且各同名力的比例应保持相等，多一种力或少一种力或者比值不相等就不是动力相似的流动。

自然界中的水流流动，作用在质点上的力一般有不止一种力，如重力、压力、黏滞力、表面张力和弹性力等。如果这些力的合力不等于零，则质点将做加速运动。根据达朗贝尔原理，在这个平衡力系上假设加上一个惯性力，便可变为一个平衡力系，且这个平衡力系构成了一个封闭的力的多边形。这样，动力相似表示模型与原型流动中任意相应点上的力的多边形相似，相应边(同名力)成比例。动力相似常要求原型与模型间作用力比尺为一定值。设作用力比尺为

$$\lambda_F = \frac{F_P}{F_M} \tag{2-5}$$

式中 F——作用力。

$$\frac{G_P}{G_M} = \frac{P_P}{P_M} = \frac{F_{TP}}{F_{TM}} = \frac{F_{SP}}{F_{SM}} = \frac{F_{EP}}{F_{EM}} = \frac{F_{IP}}{F_{IM}} = \frac{F_P}{F_M} \tag{2-6}$$

式中　G——重力；

P——压力；

F_T——黏滞力；

F_S——表面张力；

F_E——弹性力；

F_I——惯性力。

或

$$\lambda_G = \lambda_P = \lambda_T = \lambda_S = \lambda_E = \lambda_I = \lambda_F \tag{2-7}$$

式中　λ_G——重力比尺；

λ_P——压力比尺；

λ_T——黏滞力比尺；

λ_S——表面张力比尺；

λ_E——弹性力比尺；

λ_I——惯性力比尺。

几何相似、运动相似和动力相似是模型和原型保持完全相似的重要特征。它们是互相联系、互为条件的。几何相似是运动相似、动力相似的前提条件，动力相似是决定流动相似的主导因素，运动相似是几何相似和动力相似的表现，它们是一个统一的整体，缺一不可。

模型与原型的流动相似，它们的物理属性必须是相同的，尽管它们的尺度不同，但它们必须服从统一运动规律，并为同一物理方程所描述，才能做到几何、运动和动力的完全相似。例如，按牛顿第二定律，有

$$F = ma = m\frac{\mathrm{d}u}{\mathrm{d}t} \tag{2-8}$$

式中　F——作用力；

m——质量；

u——流速；

t——时间。

式(2-8)对于模型和原型中任一对应点都应该是实用的。

对原型来说

$$F_{\mathrm{P}} = m_{\mathrm{P}}\frac{\mathrm{d}u_{\mathrm{P}}}{\mathrm{d}t_{\mathrm{P}}} \tag{2-9}$$

对模型来说

$$F_M = m_M \frac{du_M}{dt_M} \tag{2-10}$$

在相似系统中存在着下列比尺关系：

$$F_P = \lambda_F F_M,\quad m_P = \lambda_m m_M,\quad u_P = \lambda_u u_M,\quad t_P = \lambda_t t_M$$

将以上关系式代入式(2-9)，整理后可得

$$\frac{\lambda_F \lambda_t}{\lambda_m \lambda_u} F_M = m_M \frac{du_M}{dt_M} \tag{2-11}$$

将式(2-11)代入式(2-10)，整理得

$$\frac{\lambda_F \lambda_t}{\lambda_m \lambda_u} = 1 \tag{2-12}$$

由于存在

$$\lambda_m = \frac{m_P}{m_M} = \frac{\rho_P V_P}{\rho_M V_M} = \lambda_\rho \lambda_L^3,\quad \lambda_u = \lambda_v = \frac{\lambda_L}{\lambda_t} \tag{2-13}$$

将式(2-13)代入式(2-12)可得

$$\frac{\lambda_F}{\lambda_\rho \lambda_L^2 \lambda_v^2} = 1 \tag{2-14}$$

也可以写成

$$\frac{F_P}{\rho_P L_P^2 v_P^2} = \frac{F_M}{\rho_M L_M^2 v_M^2} \tag{2-15}$$

式中　F——某质点所受的合力。

在相似原理中，把无量纲的数 $F/(\rho L^2 v^2)$ 叫作牛顿数，用 Ne 来表示。式(2-15)也可以写成

$$Ne_P = Ne_M \tag{2-16}$$

由式(2-16)可知，两个相似流动的牛顿数应相等，这是流动相似的重要判据，称为牛顿相似准则。

对于水流来说，可能同时有几种作用力，如重力、黏滞力、压力、弹性力等，但牛顿数中的力只能表示合力，而这个合力是由哪些力组成的并不知道。因此牛顿相似准则只具有一般意义，要解决具体模型试验的比尺关系，还必须根据描述特定运动现象的物理方程来导出特定相似准则。而相似关系要根据相似定义、各物理因素的量纲关系和物理方程式来确定。

2.1.2　相似准则

不同的水流现象中作用于质点上的力是不同的。一般自然界的水流总是

同时作用几种力,要想同时满足各种力的相似,事实上是很困难的。例如,在一个模型上要同时满足雷诺数相等和弗劳德数相等的条件就不容易做到了。这就要求以下两个式子成立:

$$\frac{v_P L_P}{\nu_P} = \frac{v_M L_M}{\nu_M} \quad 或 \quad v_M = v_P \lambda_L \frac{\nu_M}{\nu_P} \quad （雷诺数相等） \tag{2-17}$$

$$\frac{v_P^2}{g_P L_P} = \frac{v_M^2}{g_M L_M} \quad 或 \quad v_M = v_P \sqrt{\frac{1}{\lambda_L}} \quad （弗劳德数相等） \tag{2-18}$$

要同时满足上述两条件时,则

$$v_P \lambda_L \frac{v_M}{v_P} = v_P \sqrt{\frac{1}{\lambda_L}} \tag{2-19}$$

或

$$\lambda_L^{3/2} = \frac{v_P}{v_M} \tag{2-20}$$

因为 λ_L 是大于 1 的,所以 v_P/v_M 也应大于 1 ,即模型中液体的 v 应小于原型中液体 v 的 $\lambda_L^{3/2}$ 倍。如果 λ_L 不大,则还有可能选择到一种合适的模型液体;如果 λ_L 比较大,要选择一种相似的模型液体几乎是不可能的。例如 $\lambda_L=64$,则 $v_M = 0.001\,95 v_P$,运动黏滞系数这样小的液体在自然界中是不存在的。

在实际水流中,在某种具体条件下,总有一种作用力起主要作用,而其他作用力是次要的。因此,在模型试验时可以把实际问题简化,只要使其研究问题起主要作用的某一种力保证作用相似,使之满足该主要作用力相似准则,而忽略其他次要的力,这种相似虽然是近似的,但实践证明满足要求。下面介绍一下单项力作用下的相似准则。

当液体运动中主要作用力为重力,其他力起次要作用,可忽略不计,根据牛顿相似准则可求出只有重力作用下液流的相似准则。

重力可表示为 $G=\rho gV$,或

$$\lambda_G = \frac{G_P}{G_M} = \lambda_\rho \lambda_g \lambda_L^3 \tag{2-21}$$

以 λ_G 代替式(2-14)中的 λ_F ,则

$$\frac{\lambda_v^2}{\lambda_g \lambda_L} = 1 \tag{2-22}$$

也可写成

$$\frac{v_P^2}{g_P L_P} = \frac{v_M^2}{g_M L_M} \tag{2-23}$$

由此可知,作用力只有重力时,两个相似系统的弗劳德数应相等,这就叫作重力相似准则,或称弗劳德准则。所以,要做到重力作用相似,模型和原型之间各物理量的相应比尺不能任意选择,必须遵循弗劳德准则。现将各种物理量的比尺与模型比尺 λ_L 的关系分析如下。

(1)流速比尺。在式(2-22)中,因 $g_\mathrm{P}=g_\mathrm{M}$,故

$$\lambda_v=\frac{v_\mathrm{P}}{v_\mathrm{M}}=\sqrt{\frac{L_\mathrm{P}}{L_\mathrm{M}}}=\lambda_L^{0.5} \tag{2-24}$$

(2)流量比尺。

$$\lambda_Q=\frac{Q_\mathrm{P}}{Q_\mathrm{M}}=\frac{A_\mathrm{P}v_\mathrm{P}}{A_\mathrm{M}v_\mathrm{M}}=\lambda_A\lambda_v=\lambda_L^2\lambda_L^{0.5}=\lambda_L^{2.5} \tag{2-25}$$

(3)时间比尺。

由于 $$\lambda_Q\lambda_t=\lambda_V$$

式中,λ_V 表示原型与模型的体积比,故

$$\lambda_t=\frac{\lambda_V}{\lambda_Q}=\frac{\lambda_L^3}{\lambda_L^{2.5}}=\lambda_L^{0.5} \tag{2-26}$$

(4)力的比尺。

$$\lambda_F=\frac{m_\mathrm{P}a_\mathrm{P}}{m_\mathrm{M}a_\mathrm{M}}=\frac{\rho_\mathrm{P}V_\mathrm{P}\left(\dfrac{\mathrm{d}v}{\mathrm{d}t}\right)_\mathrm{P}}{\rho_\mathrm{M}V_\mathrm{M}\left(\dfrac{\mathrm{d}v}{\mathrm{d}t}\right)_\mathrm{M}} \tag{2-27}$$

(5)压强的比尺。

$$\lambda_p=\frac{\lambda_F}{\lambda_A}=\frac{\lambda_\rho\lambda_L^3}{\lambda_L^2}=\lambda_\rho\lambda_L \tag{2-28}$$

(6)功的比尺。

$$\lambda_W=\lambda_F\lambda_L=\lambda_\rho\lambda_L^3 \tag{2-29}$$

(7)功率的比尺。

$$\lambda_P=\frac{\lambda_\rho\lambda_L^4}{\lambda_L^{0.5}}=\lambda_\rho\lambda_L^{3.5} \tag{2-30}$$

除了重力相似准则,水力学中还有黏滞力相似准则和阻力相似准则等。

2.2　模型试验设计原则

2.2.1　模型边界的确定

在任何水工试验中，我们总要和有限的空间范围发生关系，这有限的空间范围即是我们的试验研究对象。但是我们不能任意割离和忽视这个范围和周围环境的联系及相互作用，因此在进行模型试验时应该最完善地确定模型的边界。

模型截取的范围过大，就需用较多的材料、场地和时间，不够经济；反之，如截取的范围过小，又会影响模型与原体水流的相似，或不能满足试验要求。确定模型的边界在模型设计中既关系重要但又无一定的成规。一般而言，模型的边界是根据实际的可能性（如材料、场地及设备等）与试验研究的目的要求而定的。横向边界一般是沿最高水面的水边线即最高水位高程的等高线截取模型范围，但如水库宽阔，在不影响流态的前提下，可部分截取。纵向边界则主要凭经验决定，其标准系以水流流态在原型和模型间不发生偏差为度，必须特别注意的是模型上、下游水流流态相似。为了消除产生偏差的可能性，必须在模型首部和尾部多截一段非工作段。非工作段应有一定的长度，目前人们多假定模型进口非工作段的长度等于模型水深的 25~50 倍，模型出口处可稍短一些。一般模型的进出口非工作段不可能设计为适宜的长度（由于场地面积或其他原因）则必须采取专门的措施，如在进口段设置栅网以扩散与缓和水流，在出口段设置可调节堰顶的尾部溢水堰等，以求得上、下游流态的相似，这是目前所通用的、比较经济简单的方法。

2.2.2　模型比尺的选择

2.2.2.1　模型比尺选择的原则

对试验的目的要求来说，模型比尺越大越好，因比例尺越大越能保证充分的相似性。但模型的大小一般除考虑相似性外，还受场地、流量、材料、时间及经济条件等的限制，因此比尺不能太大，也不能太小，必须保证模型中的流态和原型中的流态的相似性以达到试验要求。这个要求是根据试验的任务与目的来确定的，如进行原则上的方案比较试验时，对试验的精度要求就低一些，因此模型的比尺就可以小一些，但在进行结构物具体尺寸确定模型试验精度的要求就高一些，模型的比尺就应大一些。所以，在进行模型比尺选择时，首先根据试验场地、流量、材料、时间、经济条件的可能性,以及能够满足相似性要求的经验估计,初步确定一个或数个比例尺的数值,然后再根据相似条件与测量的足够精度(通过相应的换算能在工程实际运用)来进行校核比较决定。

选择模型比尺时,须要考虑下列三个限制条件:

(1)将原体缩小制成模型,必须使模型与原型的水流相似。原型的水流一般为紊动水流,故模型中的水流亦须保持为紊动水流,即水流属于阻力平方区范围,不得为层动水流。紊动水流与层动水流界限,可以根据雷诺数的估算检查出来。根据许多人试验的结果,认为紊流要求雷诺数 $Re \geqslant 580 \sim 4\ 000$。设临界雷诺数 $Re_{KP}=2\ 320$,则在设计模型时就应当使模型水流的雷诺数大于这一临界值,以此来确定模型的最小允许比尺。

$$Re_{KP} \leqslant Re_M = v_M R_M / \nu$$

$$v_M = v_P / (L_r)^{1/2}$$

$$R_M = R_P / L_r$$

则有

$$Re_{KP} \leqslant Re_M = v_P R_P / \nu (L_r)^{3/2} \tag{2-31}$$

式中 Re——雷诺数;

v——流速;

R——水力半径;

ν——运动黏滞系数,可采用 $1.2 \times 10^{-6}\ m^2/s$;

L_r——根据水流相似条件得到的模型最小允许比尺。

以 $Re_{KP}=2\ 320$ 代入式(2-31),可约得

$$L_r \leqslant 50\sqrt[3]{(v_P R_P)^2} \tag{2-32}$$

为安全起见,设计模型时以 $Re>4\ 000$ 为宜。

缓流与急流的界限可用 $Fr=1$ 来判断。

缓流　　$v < \sqrt{gh}$

急流　　$v > \sqrt{gh}$

(2)在模型试验中,一方面需要照顾到水流的相似;另一方面亦需注意不得使模型中流体运动的次要作用力,因缩尺而影响主要作用力。例如模型比尺过小,表面张力即发生干扰作用,故应估算水深,使模型中水深 1.5 cm,或模型过堰水深 $H_M>3$ cm。

(3)如原体具有表面波浪,而模型中亦希望有波浪显现,则水流表面流速要求大于 0.23 m/s。

第(1)项条件一般都能满足,且具有较大的宽裕,特别是在陡坡溢洪道中。第(2)、(3)项条件一般对比尺的要求也不高,不难得到满足,故这些比尺限制,可称为比尺的下限,模型愈大时,不妨把比例稍微放大一些,但模型比尺过大又不经济,故实用上应对试验场地的面积、供给的流量,以及需用的材料、费用、时间等做通盘的考虑,从而选用适当比尺。一般闸、坝、溢洪道模型比尺多为 $L_r=20\sim100$,更常用的为 $L_r=40\sim60$,管道模型常用比尺 $L_r=15\sim25$。

2.2.2.2　缩尺影响

模型与原型水流运动的关系取决于选用的水力相似定律,由于模型水流不可能同时满足所有的相似定律,故不能达到完全的相似。根据特别模型定律设计的模型测得的数据推演原型数据,由于次要作用力的影响,不可避免地存在偏差,这就是缩尺影响。

缩尺影响是客观存在的但模型比尺足够大,或采取糙度校正措施,缩尺影响可降低到允许的程度。为了减小缩尺影响,大模型固然受到欢迎,但是随着模型尺寸的加大,模型制造、试验操作,以及人力、物力消耗的增加也随之加大。从经济角度出发,只需要制造出能够满足精度要求的足够大的模型即可。为此,实验室往往进行局部模型和断面模型试验,作为整体模型试验的补充,或取代整体模型试验。

2.3　模型设计制作与量测

2.3.1　模型设计与制作安装

2.3.1.1　模型设计

模型的设计应遵循重力相似准则,并按几何相似进行模型设计,根据试验的任务和要求,在满足模型比尺的三个限定条件下,结合试验场地、设备、供水能力和量测仪器精度等选定模型类型、比尺及模型边界。模型的模拟边界应保证试验工作段的流态相似,模型高度应综合考虑模型最高水位和超高、流量量测设施、冲刷深度等因素。模型类型与比尺的选择宜满足以下要求:

研究枢纽布置与各建筑物的相互关系,宜采用整体模型,几何比尺不宜小于 1∶120;

研究枢纽中单一建筑物的水力特性,宜采用单体模型,几何比尺不宜小于 1∶80;

研究枢纽中特定部位的水力特性,可采用局部模型,几何比尺不宜小于 1∶50；

研究具有二元水力特征的泄水建筑物水力特性时，可采用断面模型，几何比尺不宜小于 1∶50；

研究枢纽建筑物上下游的局部冲淤，宜采用局部动床模型，几何比尺不宜小于 1∶120。

2.3.1.2　模型制作安装

应绘制模型总体布置图、建筑物模型详图、测点布置图，提出模型加工和安装要求。模型的材料可选用木材、水泥、有机玻璃、塑料和金属材料等。模型的制作与安装时，应进行必要的结构稳定和强度校核，模型的安装应用经纬仪、水准仪或全站仪等控制，并应满足以下精度控制要求：

平面导线布置应根据模型形状和范围确定，导线方位允许偏差为±0.1°；

水准基点和测针零点允许误差为±0.3 mm，地形高程允许误差为±2 mm，平面距离允许误差为±10 mm。

模型的制作可采用断面板法、桩点法和等高线法。采用前两种方法时，模型中两控制断面间距可取 50～100 cm，对于地形变化较复杂的河段，控制断面应适当加密。

在模型制作过程中，特别是模拟大坝及高山峡谷等地形地貌时，为了防止模型在试验过程中由于水压力的作用而变形或塌陷，河南省水利科学研究院在模型制作上采用一种独有的复合土工膜防渗施工铺设技术，来防止模型出现渗漏通道，提高防渗效果。

2.3.2　模型量测设备及测量方法

试验量测设备主要包括水位、压力、流速、流量等量测设备，各类量测设备均应满足量程和精度的要求，并经过严格的检定。

2.3.2.1　流量测量

在水工模型试验中，测量流量可以用量水堰、电磁流量计、超声波流量计和文丘里管等，各种流量测量仪器的要求如下。

1. 量水堰

量水堰可用于测定恒定流量，其堰形的选择应遵循以下原则：

(1)当流量量程 $Q<30$ L/s 时，宜选用直角三角堰，流量可根据率定曲线或经验公式确定。

(2)当流量量程 $Q\geqslant30$ L/s 时，宜选用矩形堰，流量可采用雷伯克经验公式确定。

(3)当流量量程 2 L/s$<Q<$90 L/s 时,可选用复式堰,流量计算应采用率定结果。

量水堰的安装应满足以下要求:

(1)三角堰堰槽宽度应为 3~4 倍最大堰上水头。

(2)矩形堰堰板高度应大于最大堰上水头的 2 倍。

(3)堰板应与堰槽垂直正交,堰板顶部应水平。

(4)矩形堰板与堰下水舌之间应设通气孔,堰板下水位与堰顶高差不宜小于 7 cm。

(5)消浪栅应设置在堰板上游 10 倍以上最大堰顶水头处。

(6)水位测针孔应设置在 6 倍最大堰上水头处。

2. 流量计

电磁流量计和超声波流量计可用于测定恒定流流量和非恒定流流量。电磁流量计和超声波流量计的安装应满足以下要求:

(1)流量计应安装在水泵下游侧的直管段,在流量计上游 15 倍管径和下游 5 倍管径范围内应无扰动部件,量测时应保证管道内充满水体。

(2)流量计上下游直管段的管道内径与流量计测量管径的偏差应小于 3%,其内壁应清洁、光滑。

3. 文丘里管

文丘里管应用于测定恒定流流量,其形状与尺寸应符合标准设计,管径可视流量而定,流量系数应采用率定曲线。

文丘里管的安装应满足以下要求:

(1)在文丘里管安装位置的上游 10 倍管径和下游 6 倍管径距离内,应无闸门、弯头等水管配件。

(2)文丘里管的上测压孔应设在上游 0.5~1.0 倍管径处,喉部测压孔应设在喉部中央。

2.3.2.2　流速的测量

流速的测量仪器包括毕托管、旋桨流速仪或旋桨流速流向仪、激光流速仪和热线流速仪、粒子图像测速仪、三维多普勒流速仪等,各种流速测量仪器的要求如下。

1. 毕托管

毕托管可用于恒定流时均流速的测定,但应按以下要求选型:

(1)当流速量程 0.15 m/s$<v<$0.25 m/s 时,可选用管径 8 mm 标准毕托管。

(2)当流速量程 0.15 m/s<v<10 m/s 时,可选用管径 2.5 mm 微型毕托管。

2. 旋桨流速仪及旋桨流速流向仪

旋桨流速仪及旋桨流速流向仪宜用于测量 2 m/s 以下的流速流向,其性能要求如下:

(1)叶轮直径小于 15 mm。

(2)启动流速 3~5 cm/s。

(3)流速 v 和转速 n 应保证线性关系,即 $v=Kn+C$,其中:K 为流速变化斜率;C 为旋桨流速仪启动流速;K 值、C 值由率定试验确定。

激光流速仪和热线流速仪可用于测定高流速、脉动流速及窄缝、漩涡等的流速,粒子图像测速仪可用于测量水流流速分布,三维多普勒流速仪可用于测量复杂流态下的点流速流向。

2.3.2.3 压力的测量

压力的测量仪器主要有测压管和压力传感器。测压管可用于测量恒定流时均压力,但应满足以下要求:

(1)测压管内径应小于 2 mm。

(2)测压管应垂直于边壁,且孔口与过流面齐平。

(3)测压管宜采用玻璃管或透明塑料管,管径应均匀,内径宜大于 6 mm,采用塑料管时应避免折弯。应做好排气工作,保持管内水体连通性。

(4)测压管控制高程应用水准仪等仪器确定。

当压力水头超过 3 m 时,宜用压力传感器或压力表测量。测量两点的压力差可选用差压传感器或液柱比压计。测量脉动压力应采用压力传感器,压力传感器安装应垂直边壁,且孔口与过流面应齐平;若按上述安装要求有困难,可在传感器与测压孔之间串联刚性短管,管长应短于 0.3 m,传感器选型应满足以下要求:

(1)感应膜直径宜小于 6 mm。

(2)自振频率应大于被测量频率的 5 倍。

(3)综合精度应满足试验要求。

2.3.2.4 水位测量

水位测针可用于测定恒定流水位及水面线,自动跟踪水位计可用于测定恒定流和非恒定流水位,选型应满足跟踪速度要求。压力传感器可用于测定恒定流和非恒定流水位。波高仪可用于测量水面波动,选型应满足频响范围要求。

2.4 定、动床模型模拟方法

2.4.1 定床模拟

定床模型是指模型地形在水流等动力条件作用下不发生变形的模型。

河道的阻力组成可以划分为沙粒(散粒体)阻力、沙坡阻力、河岸及滩面阻力、河槽形态阻力和人工建筑物的外加阻力,其中人工建筑物的外加阻力正是水工模型试验的主要研究内容。在糙率的模拟过程中除考虑人工建筑物外,还要综合考虑原型的实际情况,如滩地上的地物、地貌,在模型中认真塑造,这不仅是制作模型的要求,还是模型加糙的需要,在模拟边界条件的同时也在模拟河道的形态阻力。

模型设计主要是通过模型加糙来满足阻力相似准则。河床糙率的大小,反映出河道阻力大小。其阻力包括摩擦阻力,河道本身的平面形态阻力,以及河床高低不平的形状阻力,人为各种阻力(堤防、庄台及水工建筑物等局部阻力)。以上各种阻力综合反映在一个总阻力上,在水力学上表现为河道水面线的分布上,其计算方法一般采用曼宁公式。

模型主河槽及两岸山体,根据现场考察及有关勘测资料,得知原型河道糙率,再根据糙率相似准则换算成模型糙率,进而通过模型制作采用水泥粗砂浆粉面拉毛来加糙,使模型糙率控制在相似范围内,以满足阻力相似。

原型导流洞、泄洪洞及溢洪道均为混凝土衬砌,根据糙率相似可采用木材或有机玻璃来制作,导流洞、泄洪洞和溢洪道进口引水渠及下游出口可根据糙率相似用水泥砂浆抹制并做成净水泥表面。

2.4.2 动床模拟

动床模型是指模型床面铺有适当厚度的模型砂,其地形在波浪、潮汐、水流等动力条件作用下发生冲淤变化的模型。动床模拟根据动床的范围又分为全动床和局部动床。对于水工模型试验来说,一般局部冲刷试验居多。

模型砂的选择应符合以下要求:

(1)对砂砾石或岩石节理极为发育的原型河床可用散粒体模拟,其粒径可根据级配曲线按几何相似或抗冲流速相似选择。

(2)对于细颗粒泥沙组成的原型河床可用轻质模型砂模拟,其粒径可以通过泥沙起动公式计算或预备试验确定。

(3)对于岩体构成的原型河床可用节理块或胶结材料模拟,也可以近似地用散粒体来模拟,模拟材料要求达到与抗冲流速相似。

模型砂铺设高程应根据基岩面高程确定,必要时可按覆盖层与基岩分层铺设;模型砂范围应大于冲刷范围,铺设厚度应大于可能最大冲刷深度;冲刷试验时间应满足冲刷坑稳定要求,特殊情况下应由预备试验确定;试验前应避免扰动原状砂面,试验后应避免扰动冲淤地形。冲刷时间可采用极限冲刷平衡时间,即连续放水冲刷直到冲刷坑不再扩大和加深或冲刷速度极为缓慢为止,一般定为 2 h。

目前,模拟岩石冲刷的主要方法有岩块尺寸几何缩制法和抗冲流速相似法。通过对现场取样并做筛分试验得到覆盖层详细的颗粒级配曲线,因此可以通过岩块尺寸几何缩制法来模拟覆盖层;基岩模拟根据岩石抗冲流速,按重力相似准则的流速比尺换算至模型,再由它确定基岩冲刷的动床材料。

第 3 章　变尺度相似模拟对水流特性确定的影响分析

模型与原型水流运动的关系取决于选用的水力相似定律,由于模型水流不可能同时满足所有的相似定律,故不能达到完全的相似。根据特别模型定律设计的模型测得的数据推演原型数据,由于次要作用力的影响,不可避免地存在偏差,这就是缩尺影响。

缩尺影响是客观存在的,但模型比尺足够大,或采取糙度校正措施,缩尺影响可降低到允许的程度。模型的大小一般除考虑相似性外,还受场地、流量、材料、时间及经济条件等的限制,因此比尺不能太大,也不能太小,必须保证模型中的流态和原型中的流态的相似性以达到试验要求。燕山水库模型试验主要是研究溢洪道和泄洪洞同时泄洪时两泄水建筑物之间泄流与消能的相互影响,最终选用 1∶60 的正态模型;河口村水库整体模型重点解决泄洪洞与引水发电洞进口和出口的流态、消能及枢纽总体布置的宏观水力学问题,最终选用 1∶80 的正态模型;河口村导流洞、泄洪洞单体模型重点研究建筑物进出口的布置形式、漩涡、掺气减蚀等,最终选用 1∶40 的正态模型;鸭河口水库模型重点研究两个溢洪道之间泄流的联合调度及下游消力池的体形,最终选用 1∶55 的正态模型;前坪水库整体模型重点研究建筑物的平面布置及下游的冲刷消能,最终选用 1∶90 的正态模型;前坪水库泄洪洞单体模型重点研究泄洪洞的过流能力、负压空蚀等,最终选用 1∶40 的正态模型;前坪水库溢洪道模型重点研究溢洪道的过流能力、负压、下游消能,最终选用 1∶50 的断面模型;玉阳湖溢洪道模型重点研究泄流能力、进口翼墙及下游消能,最终选用 1∶40 的正态模型;逍遥水库迷宫堰主要研究过流能力,最终选用 1∶50 的正态模型;小庄沟、老道井倒虹吸主要研究倒虹吸管道的过流能力、体形布置及冲刷,最终分别采用 1∶25 、1∶20 的正态模型。

本书根据试验研究归纳总结出在模型制作过程中为保证模型水流性能真实再现和试验数据的可靠测定需要遵循以下的原则和方法:将原体缩小制成模型,必须使模型与原型的水流相似。提出了以雷诺数大于 4 000 来确定模型比尺。以模型中的水深大于 1.5 cm,采用量水堰测量水深时,过堰水深大于 3 cm 来减小缩尺带来的表面张力干扰。以水流表面流速大于 0.23 m/s 来满足波浪模拟。提出用最高水位的等高线加 20 cm 模型超高确定横向边界,如水库宽阔,在不影响流态的前提下,可部分截取。提出纵向边界选取以水流流态,在原型和模型间不发生偏差为度,必须特别注意的是模型上、下游水流流态相似。为了消除产生偏差的可能性,必须在模型首部和尾部多截一段非工作段。模型进口非工作段的长度等于模型最大水深的 25 倍以上为宜,模型出口处可稍短一些。由于场地面积或其他原因,当模型进出口非工作段不能设置适宜长度时,在进口段设置栅网或者多道花墙以扩散与缓和水流,在出口段设置可调节堰顶的尾部溢水堰等,以求得上、下游流态的相似。

从试验目的出发,应对试验场地的面积、供给的流量及需用的材料、费用、时间等做通盘考虑,来选用适当比尺。闸、坝、溢洪道模型比尺多可在 $L_r=20\sim100$ 之间选取,模型大时,不妨把比例放大到 $L_r=40\sim60$,管道模型比尺尽量在 $L_r=15\sim25$ 之间选取。

本章通过对比前坪水库泄洪洞在 1:40 与 1:90 两种不同比尺,溢洪道在 1:50 与 1:90 两种不同比尺情况下,研究比尺变化对泄洪洞和溢洪道过流能力、水流流速流态、压力、掺气、水面线等水力特性的影响。

3.1 泄洪洞水流特性的变尺度相似模拟研究

前坪水库位于淮河流域沙颍河支流北汝河上游,河南省洛阳市汝阳县城以西 9 km 的前坪村附近,水库控制流域面积 1 325 km^2。前坪水库修建后,配合已建的昭平台、白龟山、孤石滩、燕山水库及规划新建的下汤水库和泥河洼蓄洪区联合运用,控制漯河下泄流量不超过 3 000 m^3/s,使漯河以下沙颍河干流的防洪标准由目前的 10~20 年一遇提高到远期的 50 年一遇;前坪水库可将其坝址处 20 年、50 年一遇洪水洪峰流量由 3 720 m^3/s、5 580 m^3/s 削减为 460 m^3/s、1 000 m^3/s,将北汝河防洪标准由现状不足 10 年一遇提高到 20 年一遇以上,同时减少了向湛河洼和北汝河与吴公渠之间分洪的压力。

前坪水库工程总库容 5.90 亿 m^3(防洪库容 2.10 亿 m^3、兴利库容 2.61 亿 m^3),为Ⅱ等大(2)型工程。枢纽工程由主坝、副坝、溢洪道、泄洪洞、输水洞、电站厂房、退水闸、灌溉闸及消能防冲建筑物等组成。

3.1.1 泄洪洞 1:40 水工模型试验

3.1.1.1 工程概况

泄洪洞布置在溢洪道左侧,轴线总长 689 m,进口洞底高程为 360.0 m,进口顶部为一椭圆曲线,曲线方程为 $\frac{x^2}{7.5^2}+\frac{y^2}{2.5^2}=1$,控制段采用闸室有压短管形式,闸孔尺寸为 6.5 m× 7.5 m(宽×高),洞身采用无压城门洞形隧洞,断面尺寸为 7.5 m×8.4 m+2.1 m(宽×直墙高+拱高),洞身段长度为 518 m,出口消能方式采用挑流消能,鼻坎高程为 351.75 m。金属结构设检修闸门和工作闸门:检修平板钢闸门,闸门尺寸 6.5 m×8.7 m(宽×高),采用固定式卷扬启闭机启闭;检修门后设弧形工作钢闸门,工作闸门孔口尺寸为 6.5 m×7.5 m(宽×高),采用液压启闭机启闭。泄洪洞单体 1:40 模型布置图如图 3-1 所示,泄洪洞平面布置图如图 3-2 所示,纵剖面图如图 3-3 所示,泄洪洞竖井控制段结构图如图 3-4 和图 3-5 所示。

图 3-1　前坪水库泄洪洞单体 1:40 模型布置图

3.1.1.2　试验结果

选用模型几何比尺 $\lambda_L=\lambda_H=40$ 的正态模型。

1. 泄流能力

试验是在选定的泄洪洞和上下游河道为定床基础上进行的。试验工况依据设计单位提供的泄洪洞泄流能力表,水位由低到高施放,表 3-1 为泄洪洞全开时实测的特征水位流量关系,表 3-2 为泄洪洞全开时实测的水位流量关系,图 3-6 为泄洪洞全开时库水位流量关系曲线,图 3-7 为泄洪洞不同开度时实测水位流量曲线。

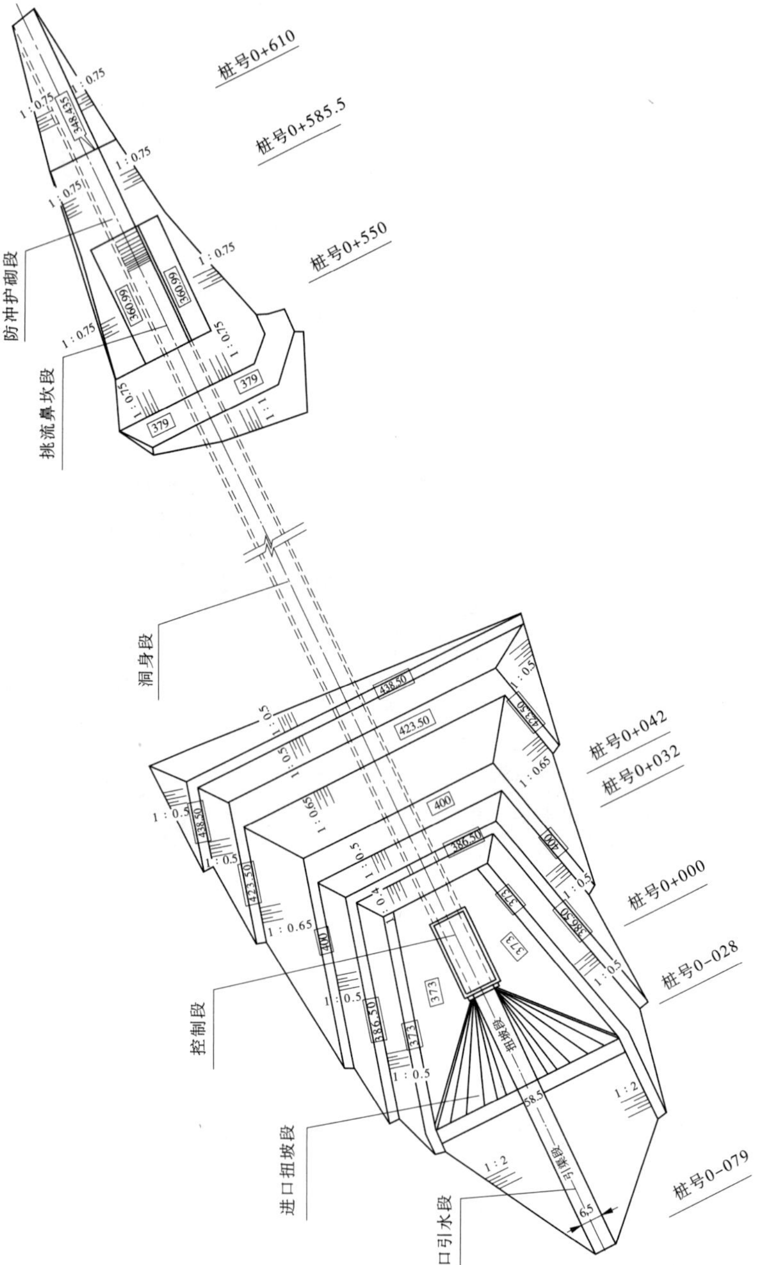

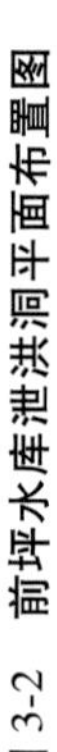

图 3-2 前坪水库泄洪洞平面布置图

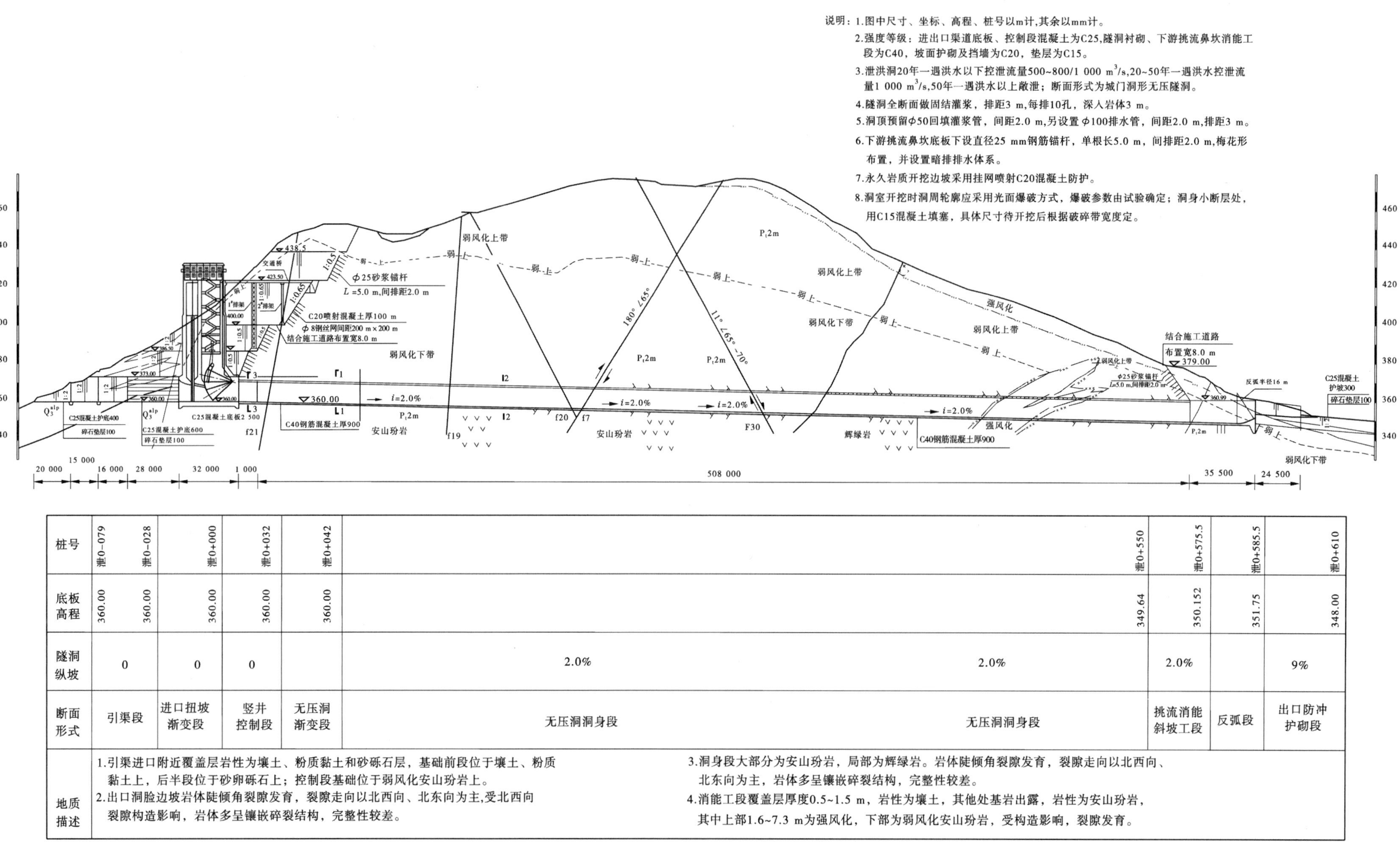

桩号	泄0-079　泄0-028	泄0+000	泄0+032	泄0+042		泄0+550	泄0+575.5	泄0+585.5	泄0+610
底板高程	360.00　360.00	360.00	360.00	360.00		349.64	350.152	351.75	348.00
隧洞纵坡	0	0	0		2.0%	2.0%	2.0%		9%
断面形式	引渠段	进口扭坡渐变段	竖井控制段	无压洞渐变段	无压洞洞身段	无压洞洞身段	挑流消能斜坡工段	反弧段	出口防冲护砌段
地质描述	1.引渠进口附近覆盖层岩性为壤土、粉质黏土和砂砾石层，基础前段位于壤土、粉质黏土上，后半段位于砂卵砾石上；控制段基础位于弱风化安山玢岩上。 2.出口洞脸边坡岩体陡倾角裂隙发育，裂隙走向以北西向、北东向为主,受北西向裂隙构造影响，岩体多呈镶嵌碎裂结构，完整性较差。 3.洞身段大部分为安山玢岩，局部为辉绿岩。岩体陡倾角裂隙发育，裂隙走向以北西向、北东向为主，岩体多呈镶嵌碎裂结构，完整性较差。 4.消能工段覆盖层厚度0.5~1.5 m，岩性为壤土，其他处基岩出露，岩性为安山玢岩，其中上部1.6~7.3 m为强风化，下部为弱风化安山玢岩，受构造影响，裂隙发育。									

图 3-3　前坪水库泄洪洞纵剖面图

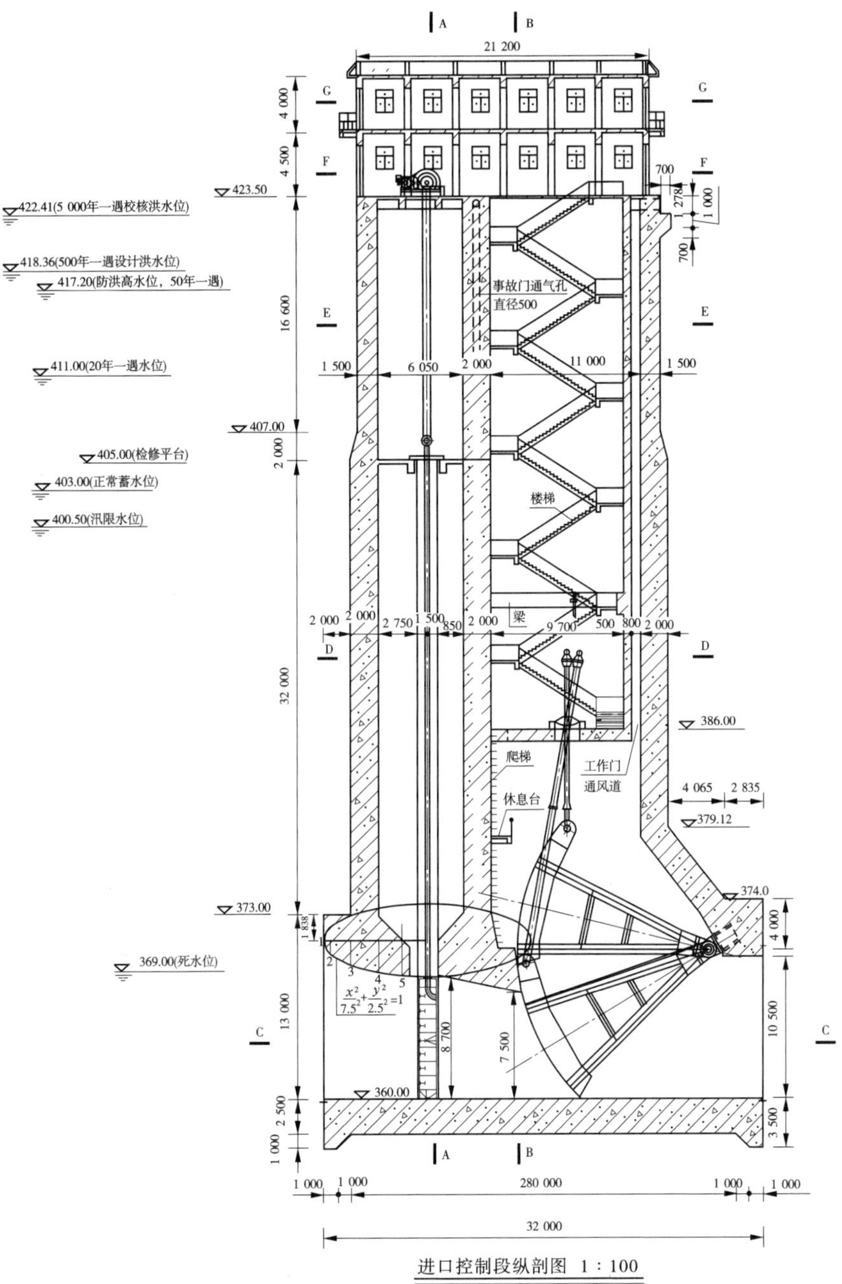

进口控制段纵剖图　1：100

图3-4　前坪水库泄洪洞竖井控制段结构图(1/2)

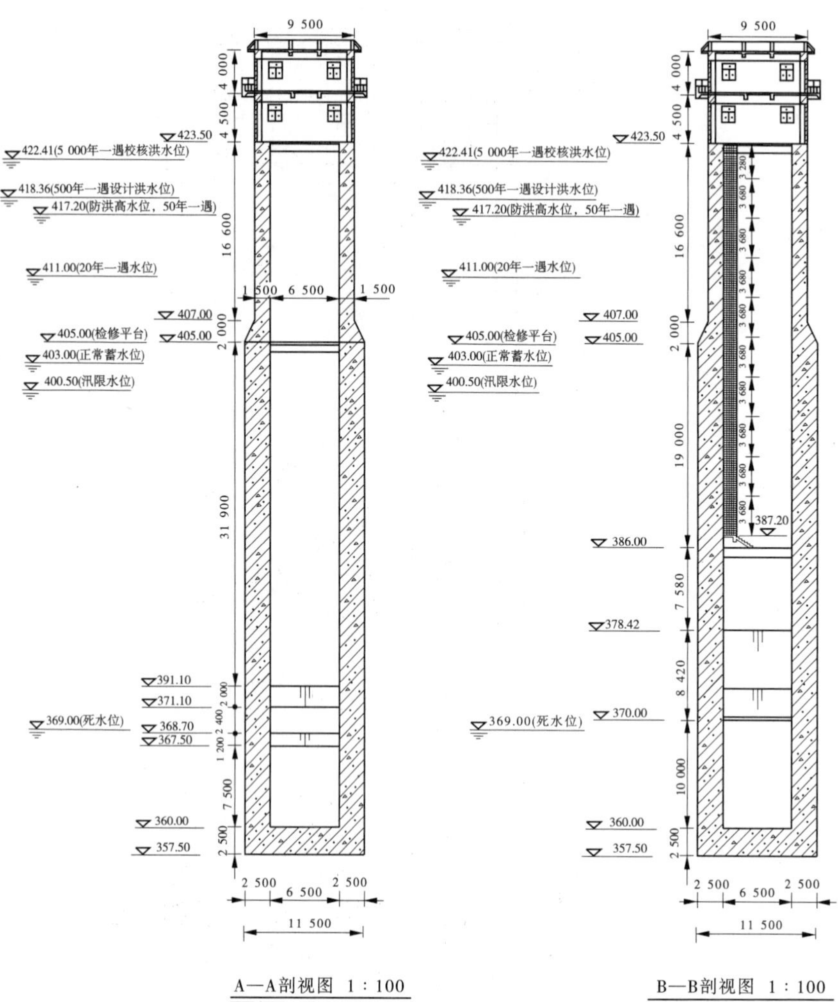

A—A剖视图　1：100　　　　B—B剖视图　1：100

说明：1.图中高程以m计，尺寸以mm计。

2.泄洪洞20年一遇洪水以下控泄流量500~800/1 000 m^3/s，20~50年一遇洪水控泄流量100 m^3/s，50年一遇洪水以上敞泄,断面形式为城门洞形无压隧洞。

3.强度等级：控制段主体结构混凝土为C25，二期混凝土为C30。

4.进口控制段设一扇弧形工作闸门，配QHSY-2000/315 kN液压启闭机；设置一扇浅孔式滚动平面钢闸门作为事故检修门，配置QPG-2500 kN卷扬式启闭机。

5.C—C、D—D、E—E、F—F、G—G剖面详图见泄洪洞竖井控制段结构图(2/2)。

续图 3-4

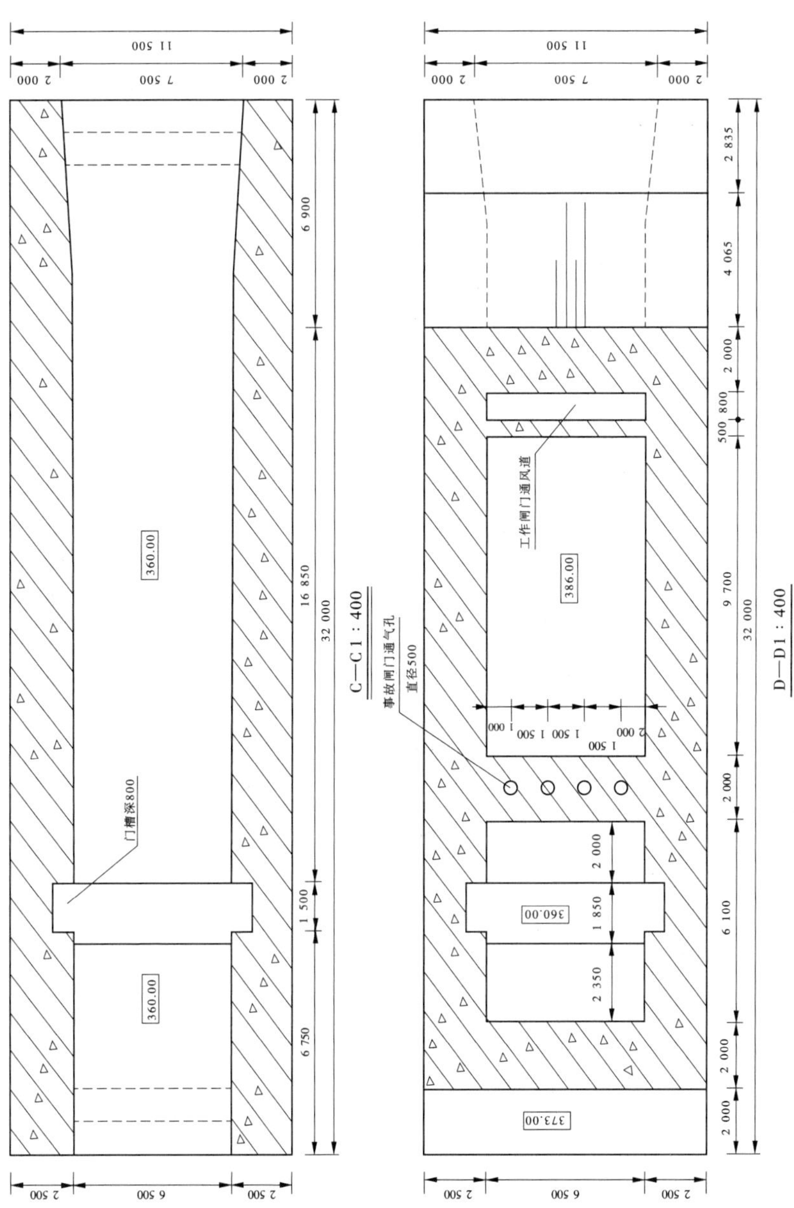

图 3-5　前坪水库泄洪洞竖井控制段结构图(2/2)

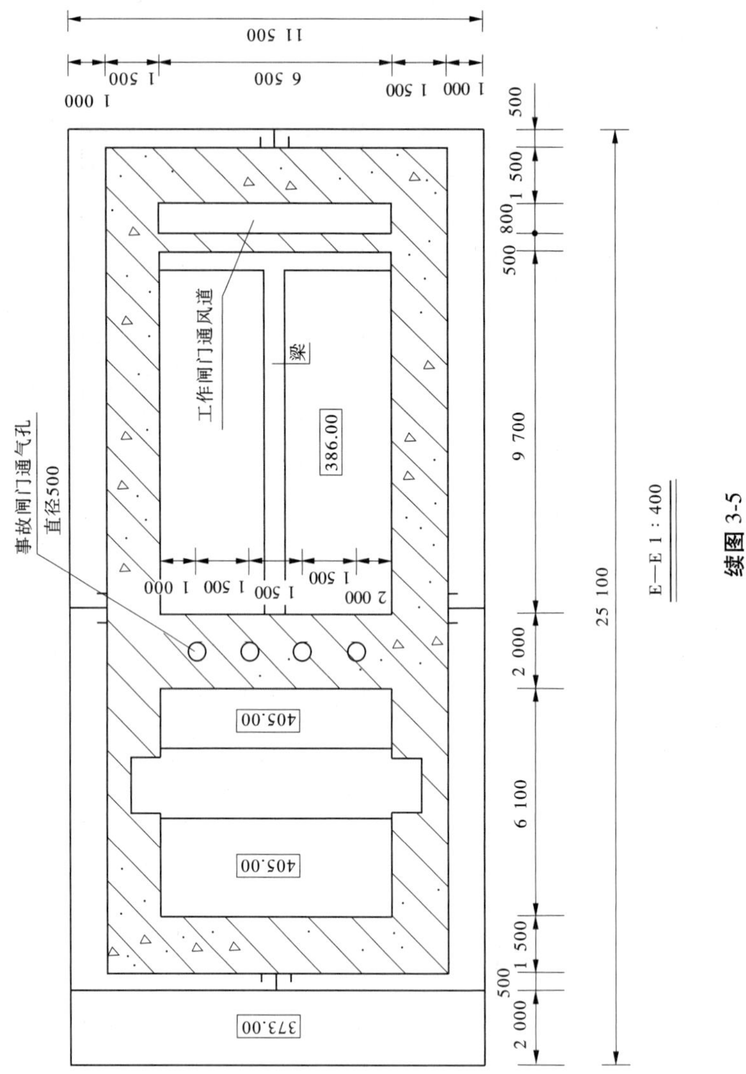
11 500
1 000
1 500
6 500
1 500
1 000
500
1 500
800
500
9 700
2 000
6 100
1 500
500
2 000
25 100
工作闸门通风道
梁
386.00
事故闸门通气孔
直径500
1 000
1 500
1 500
1 500
2 000
405.00
405.00
373.00
E—E 1 : 400

续图 3-5

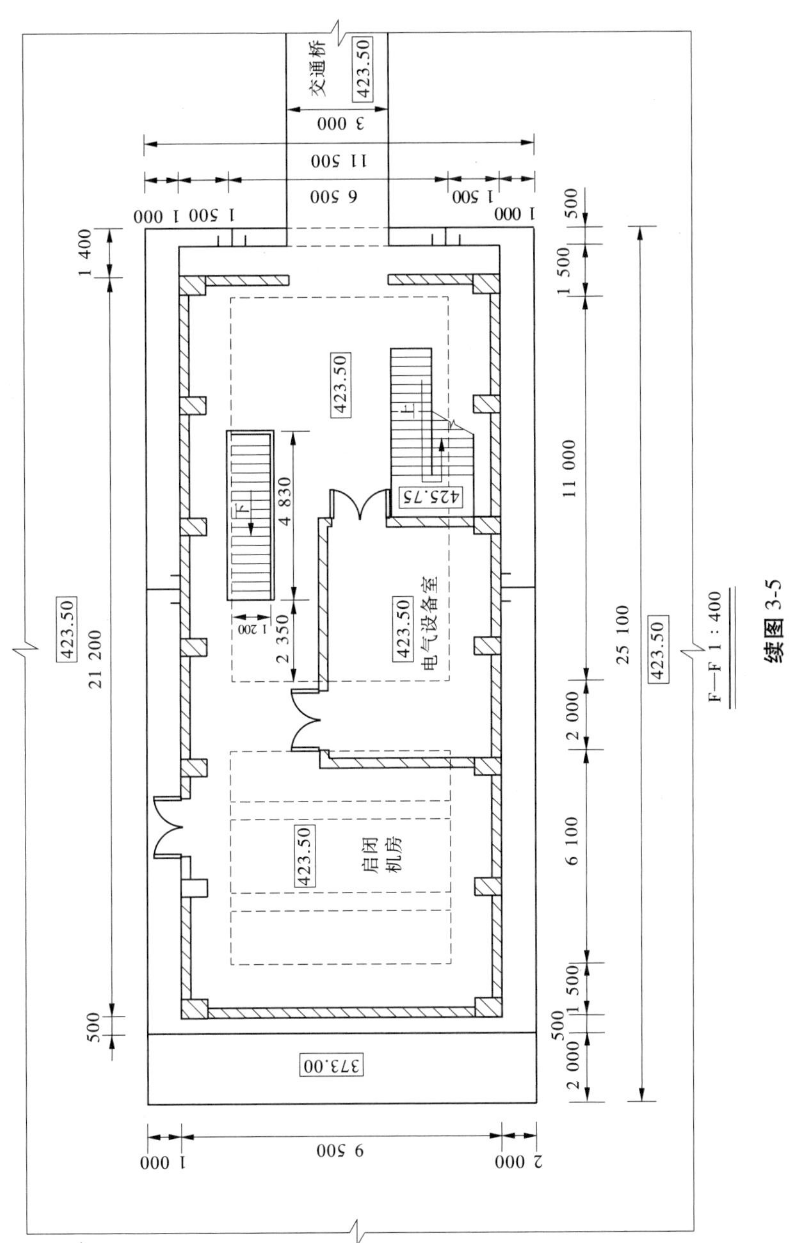

续图 3-5

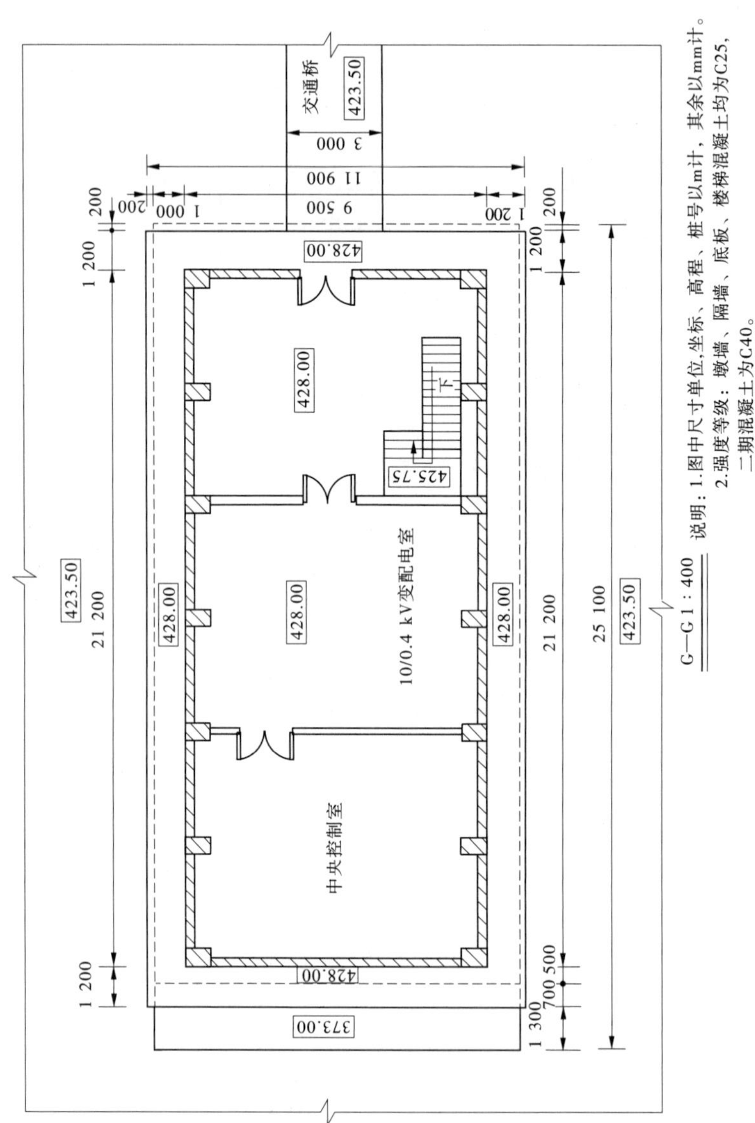

G—G 1∶400

说明：1.图中尺寸单位,坐标、高程、桩号以m计，其余以mm计。

2.强度等级：墩墙、隔墙、底板、楼梯混凝土均为C25，二期混凝土为C40。

3.剖面C—C、D—D、E—E、F—F、G—G位置见泄洪洞竖井控制段结构图(1/2)。

续图 3-5

表 3-1　泄洪洞全开时实测的特征水位流量关系

设计洪水标准	库水位/m	设计下泄流量/(m^3/s)	实测下泄流量/(m^3/s)	超泄流量/(m^3/s)	超泄/%
50 年一遇	417. 20	1 334	1 388	54	4. 05
500 年一遇设计	418. 36	1 350	1 407	57	4. 22
5 000 年一遇校核	422. 41	1 402	1 464	62	4. 42

从表 3-1 可以看出,在施放 50 年一遇洪水时,试验实测下泄流量为 1 388 m^3/s,较设计值大 4. 05%;在施放 500 年一遇设计洪水时,试验实测下泄流量为 1 407 m^3/s,较设计值大 4. 22%;在施放 5 000 年一遇校核洪水时,试验实测下泄流量为 1 464 m^3/s,较设计值大 4. 42%。由此可见,泄洪洞的泄流能力满足设计要求。

表 3-2　泄洪洞全开时实测的水位流量关系

水位/m	流量/(m^3/s)	水位/m	流量/(m^3/s)
360. 00	0	411. 00	1 298
370. 00	338	415. 00	1 357
380. 00	698	417. 20(50 年一遇)	1 388
390. 00	937	418. 36(500 年一遇设计)	1 407
400. 00	1 130	422. 41(5 000 年一遇校核)	1 464

2. 水流流态

当水位高于 360. 00 m 时,泄洪洞开始过流,水流缓慢平顺地通过闸室流向下游,水流出闸室后在洞内形成水跃。随着水位的升高,水跃漩滚逐渐加大,水跃随之向下游推移(洞内无水流封顶的现象)。当水位上升至 368. 23 m 时,水流经挑流鼻坎挑流流向下游。

试验观测发现,当水位为 367. 50 m 时,斜压板末端与过闸水流完全接触,顶板对过闸水流的约束作用开始显现(见图 3-8)。当水位继续升高至 374. 80 m 附近时,泄洪洞进口塔架前方出现了直径约 0. 6 m 的逆时针间歇性游荡漩涡,能看到明显气柱,随着水位的上升,漩涡间断不连续,时而出现、时而消失

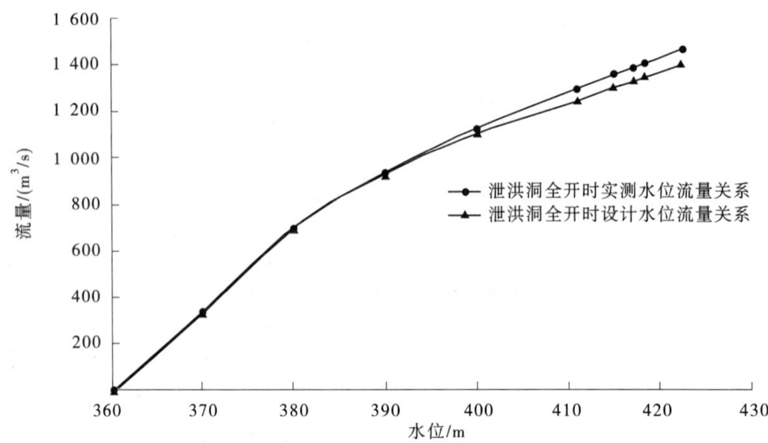

图 3-6　泄洪洞全开时库水位流量关系曲线

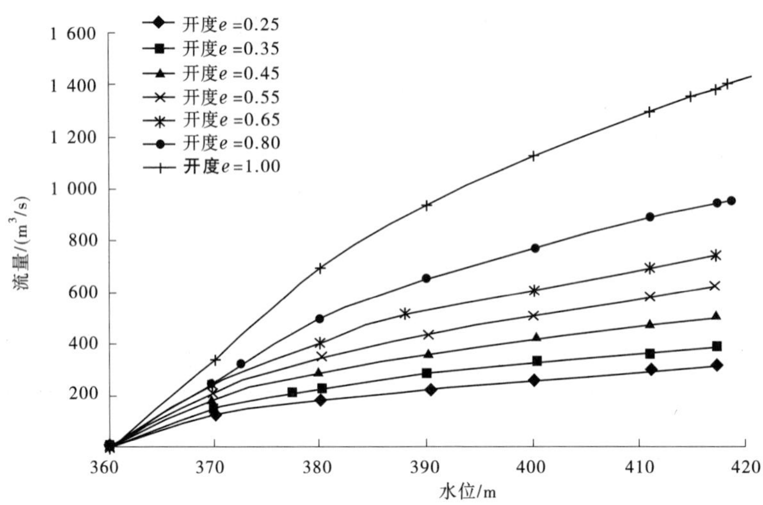

图 3-7　泄洪洞不同开度时实测水位流量关系曲线

(见图 3-9)。在水位升高至 379. 30 m 附近时,漩涡开始直径变小,仅表面下陷不再贯通,并且每次出现间隔的时间比较长且迅速消失。当水位升至 385. 33 m 附近时,在塔架前方进口右侧间断形成直径约 0. 9 m 的顺时针游荡漩涡,塔架前方左侧偶尔形成直径约 0. 5 m 的逆时针游荡漩涡,此时两漩涡都不贯通仅表面下陷,并且两漩涡时而并存、时而交替出现(见图 3-10)。当水位升至 389. 20 m 附近时,基本无漩涡,偶尔随着进口右侧水体的旋转产生顺时针直径不大于 1 m 的表层未贯通漩涡(见图 3-11)。当水位升至 395. 95 m 附近后,进口表面水体沿塔架周围顺时针缓慢转动,无漩涡产生(见图 3-12)。

图 3-8　过闸室水流

图 3-9　塔架前方逆时针间歇性贯通漩涡

3. 水流流速

实测泄洪洞洞身中轴线流速分布见表 3-3。由表 3-3 可知,水位 417. 20 m 时,洞内平均流速范围为 17. 97~27. 09 m/s;水位 418. 36 m 时,洞内平均流速范围为 19. 84~27. 88 m/s;水位 422. 41 m 时,洞内平均流速范围为 20. 80~28. 55 m/s。最大流速出现在 0+042 断面,为 28. 55 m/s;最小流速出现在 0+575. 60 处为 13. 70 m/s。

图 3-10　塔架前并存或交替出现的间歇性游荡漩涡

图 3-11　塔架前右侧顺时针间歇性表层游荡漩涡

图 3-12　塔架周围缓慢转动的水体

表 3-3　泄洪洞洞身中轴线流速分布

序号	桩号	测点位置	$Z_{库}$=417.20 m	$Z_{库}$=418.36 m	$Z_{库}$=422.41 m
1	0+042	0.2h	23.58	24.18	24.48
		0.8h	27.09	27.88	28.55
2	0+122.10	0.2h	25.25	25.20	26.38
		0.8h	25.18	25.23	25.63
3	0+202.10	0.2h	23.77	24.70	25.44
		0.8h	23.41	24.07	24.61
4	0+322.10	0.2h	23.18	24.54	24.05
		0.8h	23.36	23.59	23.61
5	0+442.10	0.2h	21.65	21.79	22.96
		0.8h	21.50	21.87	22.57
6	0+549.97	0.2h	21.96	22.18	23.32
		0.8h	17.97	19.84	20.80
7	0+575.60	0.2h	21.38	21.41	21.65
		0.8h	13.70	15.41	15.51
8	0+584.40	0.2h	20.69	21.12	21.38
		0.8h	17.85	19.54	20.29

注:桩号的单位均为 m ,流速的单位为 m/s 。

4.起挑、收挑

由试验观测可知,闸门局开和全开的情况下,起挑前洞内均形成水跃,由于水跃强度弱,跃后水深小,跃后水流未封顶,如图 3-13 所示。

表 3-4 给出了泄洪洞不同闸门开度下的起挑和收挑试验成果,可以看出随着闸门开度的增大,起挑、收挑水位在逐渐降低,相应的流量在逐渐增大。闸门全开时,起挑水位为 368.23 m,起挑流量为 277.12 m^3/s;收挑水位为 366.44 m,收挑流量为 222.36 m^3/s。

图 3-13　泄洪洞起挑前流态

表 3-4　泄洪洞不同闸门开度下起挑、收挑情况

序号	闸门开度	起挑		收挑	
		库水位/m	流量/(m^3/s)	库水位/m	流量/(m^3/s)
1	0.25e	380.94	193.95	376.14	151.79
2	0.35e	376.58	208.00	372.58	168.65
3	0.45e	373.46	230.49	370.54	191.14
4	0.55e	371.46	247.35	368.90	196.76
5	0.65e	370.66	267.03	368.34	208.00
6	0.80e	368.74	275.46	367.34	219.25
7	1.00e	368.23	277.12	366.44	222.36

5. 动水时均压力

一般认为,水流空蚀破坏的形成是由水流发生空化引气的。当水流速度达到一定程度、水流的局部压力下降到小于水的饱和蒸汽压力时,水流内部就会出现空泡,产生空化现象。当空泡移动到大于饱和蒸汽压力的区域,由于外部压力的作用,空泡溃灭,同时释放出巨大的能量,这种能量通过四周水体的传递,对固定的边壁形成巨大的冲击力,从而使边壁形成空蚀破坏。水工泄水建筑物的水流流速越高,压强越低,则越容易产生空化。当水流的空化数小于初生空化数时,将可能发生空蚀。

水流的空化数 K 可按下式计算:

$$K = \frac{\frac{p}{\gamma} + h_a + h_v}{v^2/2g} \tag{3-1}$$

式中　K——空化数；

h_a——大气压强，计算时采用 10.33 mH_2O；

h_v——饱和蒸汽压强，t/m²，计算时取 0.43 m（30 ℃时）；

v——测点时均流速，m/s；

$\frac{p}{\gamma}$——测点相对压力水头，m。

1）顶板动水时均压力

图 3-14 为泄洪洞进口顶板动水时均压力分布图，表 3-5 给出了泄洪洞进口顶板动水时均压力值，可以看出，各种工况下压力趋势基本一致，进口顶板椭圆曲线段压力缓慢下降，表现为水流收缩特性；压板起始段压力值较高，表现为水流冲击作用，压力在该处变化大。各级工况下，除桩号 0+000.50 处出现负压外，其余压力均为正压，且随着库水位的升高，压力变化趋于平缓。50 年一遇库水位为 417.20 m 时，桩号 0+000.50 处顶板的负压为 -3.73 mH_2O；500 年一遇库水位为 418.36 m 时，桩号 0+000.50 处顶板的负压为 -3.17 mH_2O；5 000 年一遇库水位为 422.41 m 时，桩号 0+000.50 处顶板的负压为 -3.01 mH_2O。

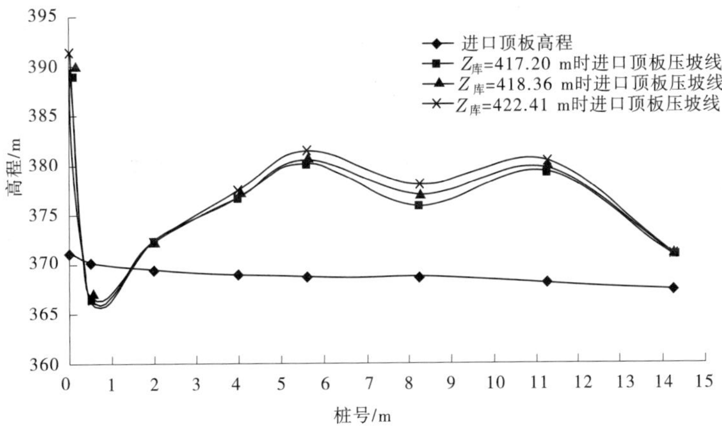

图 3-14　泄洪洞进口顶板动水时均压力分布图

表 3-5　泄洪洞进口顶板动水时均压力值

序号	桩号	测点高程/m	$Z_{库}=417.20$ m		$Z_{库}=418.36$ m		$Z_{库}=422.41$ m	
			压力值/mH_2O	压坡线高程/m	压力值/mH_2O	压坡线高程/m	压力值/mH_2O	压坡线高程/m
1	0+000	371.16	17.90	389.06	18.94	390.10	20.30	391.46
2	0+000.50	370.27	-3.73	366.54	-3.17	367.10	-3.01	366.46
3	0+002	369.46	2.96	372.42	2.84	372.30	2.88	372.30
4	0+004	368.95	7.71	376.66	7.83	376.78	8.55	377.50
5	0+005.60	368.74	11.48	380.22	11.84	380.58	12.68	381.42
6	0+008.25	368.70	7.24	375.94	8.36	377.06	9.36	378.06
7	0+011.25	368.10	11.28	379.38	11.58	379.68	12.32	380.42
8	0+014.25	367.50	3.40	370.90	3.44	370.94	3.56	371.06

2) 闸门槽动水时均压力及水流空化数

泄洪洞检修门槽宽 3.0 m,深 1.60 m,其宽深比 $W/D=1.88$;该门槽为 I 型门槽,此型式初生空化数为 $K_i=0.38W/D=0.7$。

表 3-6 给出了泄洪洞闸门槽动水时均压力及水流空化数,可知实测的最小空化数 1.23,安全裕度≥1.76,闸门发生空蚀破坏的可能性较小,闸门槽设计合理,满足规范要求。

表 3-6　泄洪洞闸门槽动水时均压力及水流空化数

序号	桩号	测点高程/m	$Z_{库}=417.20$ m		$Z_{库}=418.36$ m		$Z_{库}=422.41$ m	
			P/m	σ	P/m	σ	P/m	σ
1	0+007.50	360.45	35.48	1.50	36.02	1.48	40.88	1.51
2	0+007.50	364.50	31.43	1.37	31.97	1.35	36.74	1.39
3	0+007.50	368.10	27.47	1.24	28.37	1.23	33.14	1.29

3)底板动水时均压力

表 3-7 给出了泄洪洞底板的时均压力值,图 3-15 为泄洪洞底板动水时均压力分布图。各级工况下,除桩号 0+032 处出现负压外,其余压力均为正压,且随着库水位的升高,压力变化趋于平缓。50 年一遇库水位为 417.20 m 时,桩号 0+032 处底板的负压为 -0.85 mH_2O; 500 年一遇库水位为 418.36 m 时,桩号 0+032 处底板的负压为 -1.01 mH_2O; 5 000 年一遇库水位为 422.41 m 时,桩号 0+032 处底板的负压为 -1.33 mH_2O。

表 3-7　泄洪洞底板时均压力值

序号	桩号	测点高程/m	$Z_{库}$=417.20 m		$Z_{库}$=418.36 m		$Z_{库}$=422.41 m	
			压力值/mH_2O	压坡线高程/m	压力值/mH_2O	压坡线高程/m	压力值/mH_2O	压坡线高程/m
1	0+014.25	360.00	2.55	362.55	2.79	362.79	3.47	363.47
2	0+032	360.00	-0.85	359.15	-1.01	358.99	-1.33	358.67
3	0+042	359.80	6.67	366.47	6.59	366.39	5.99	365.79
4	0+082.10	359.00	3.19	362.19	3.31	362.31	3.63	362.63
5	0+122.10	358.20	3.67	361.87	3.91	362.11	3.67	361.87
6	0+162.10	357.40	7.67	365.07	5.03	362.43	4.59	361.99
7	0+202.10	356.60	5.95	362.55	5.91	362.51	5.95	362.55
8	0+242.10	355.80	4.79	360.59	4.87	360.67	4.97	360.77
9	0+282.10	355.00	7.71	362.71	7.83	362.83	7.97	362.97
10	0+322.10	354.20	6.07	360.27	6.19	360.39	6.27	360.47
11	0+362.10	353.40	6.23	359.63	6.47	359.87	6.51	359.91
12	0+402.10	352.60	6.35	358.95	6.47	359.07	6.51	359.11
13	0+442.10	351.80	5.87	357.67	5.91	357.71	5.99	357.79
14	0+482.10	351.00	6.71	357.71	6.75	357.75	6.87	357.87

续表 3-7

序号	桩号	测点高程/m	$Z_库$=417.20 m		$Z_库$=418.36 m		$Z_库$=422.41 m	
			压力值/ mH_2O	压坡线高程/m	压力值/ mH_2O	压坡线高程/m	压力值/ mH_2O	压坡线高程/m
15	0+522.10	350.20	5.87	356.07	6.59	356.79	6.63	356.83
16	0+549.97	349.63	7.44	357.07	7.48	357.11	7.52	357.15
17	0+575.60	349.13	15.78	364.91	16.10	365.23	16.26	365.39
18	0+577.97	349.32	19.19	368.51	19.35	368.67	20.15	369.47
19	0+580.80	349.92	18.95	368.87	19.15	369.07	20.15	370.07
20	0+583	350.83	14.60	365.43	15.24	366.07	16.40	367.23
21	0+584.40	351.62	4.29	355.91	4.65	356.27	4.85	356.47

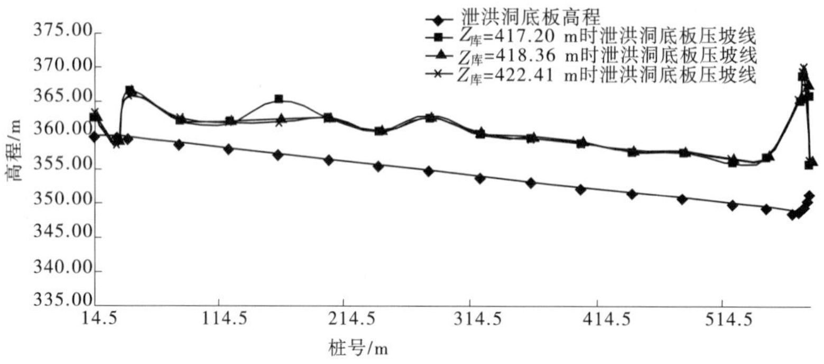

图 3-15 泄洪洞底板动水时均压力分布图

6. 沿程水面线

图 3-16~图 3-18 为泄洪洞 50 年一遇、500 年一遇设计洪水位和 5 000 年一遇校核洪水位沿程水面线的分布情况，并在表 3-8 中列出了相关的数据资料，沿程水面线测点沿泄洪洞中轴线布置。可以看出，水流出有压短管跌落后逐渐加速，水深沿程递减。

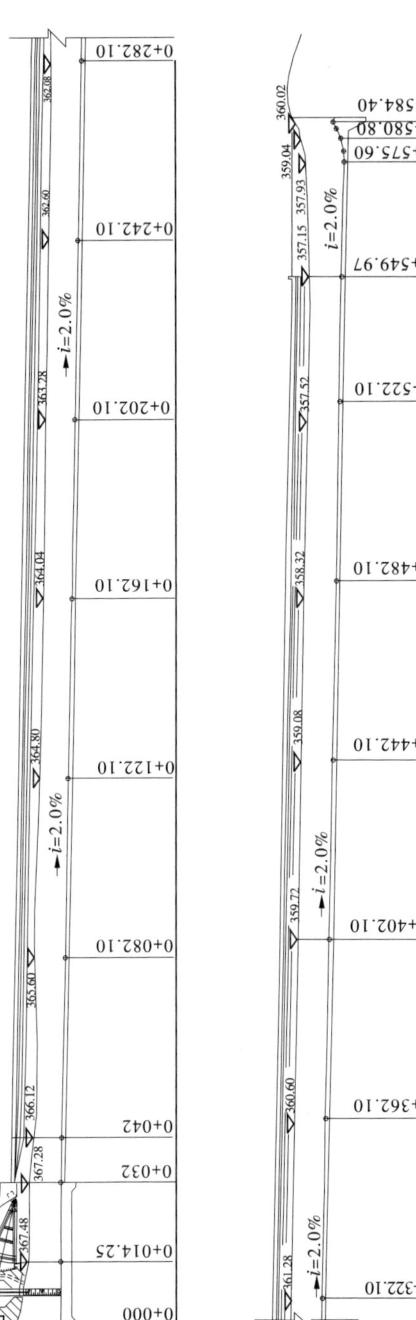

图 3-16　泄洪洞 50 年一遇洞身水面线

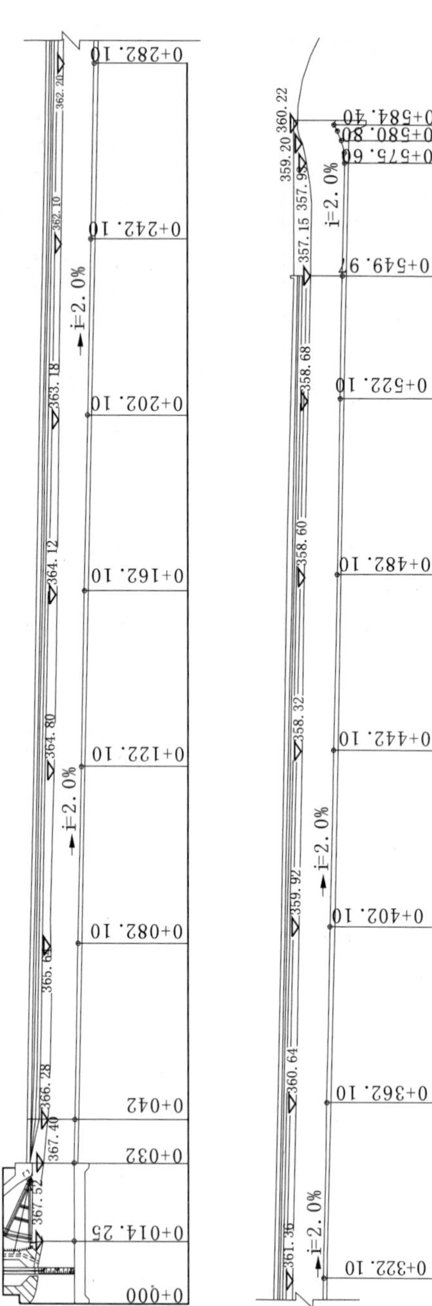

图 3-17　泄洪洞 500 年一遇设计洪水位洞身水面线

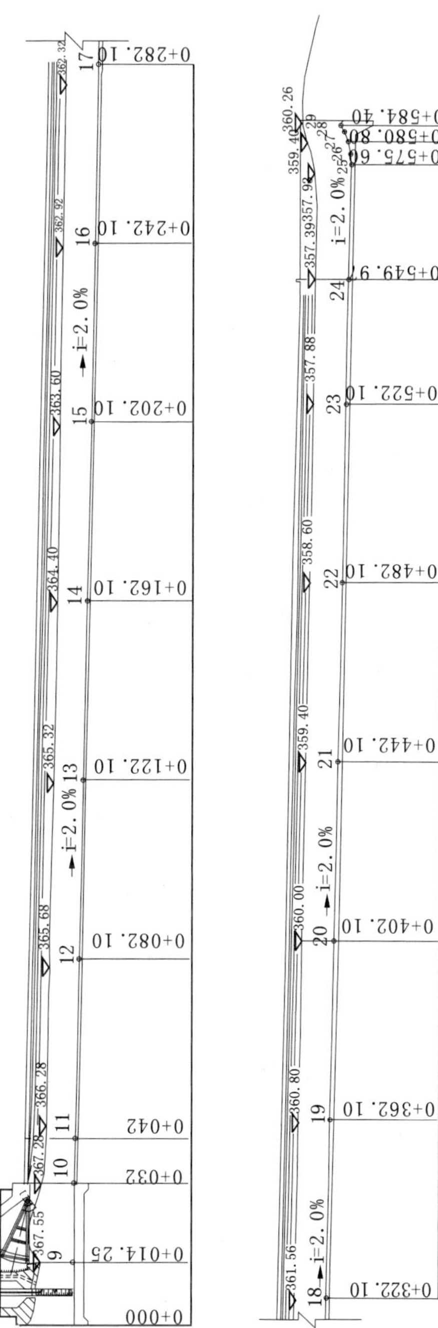

图 3-18　泄洪洞 5 000 年一遇校核洪水位洞身水面线

表 3-8　泄洪洞沿程水面线　　单位:m

序号	桩号	测点高程	$Z_{库}$=417.20 m		$Z_{库}$=418.36 m		$Z_{库}$=422.41 m	
			$h_{测}$	$Z_{水面}$	$h_{测}$	$Z_{水面}$	$h_{测}$	$Z_{水面}$
1	0+014.25	360.00	7.48	367.48	7.52	367.52	7.55	367.55
2	0+032	360.00	7.28	367.28	7.40	367.40	7.28	367.28
3	0+042	359.80	6.32	366.12	6.48	366.28	6.48	366.28
4	0+082.10	359.00	6.60	365.60	6.64	365.64	6.68	365.68
5	0+122.10	358.20	6.60	364.80	6.60	364.80	7.12	365.32
6	0+162.10	357.40	6.68	363.28	6.72	364.12	7.00	364.40
7	0+202.10	356.60	6.64	363.24	6.88	363.48	7.00	363.60
8	0+242.10	355.80	6.80	362.60	7.00	362.80	7.12	362.92
9	0+282.10	355.00	7.08	362.08	7.20	362.20	7.32	362.32
10	0+322.10	354.20	7.08	361.28	7.16	361.36	7.36	361.56
11	0+362.10	353.40	7.20	360.60	7.24	360.64	7.40	360.80
12	0+402.10	352.60	7.12	359.72	7.32	359.92	7.40	360.00
13	0+442.10	351.80	7.28	359.08	7.32	358.32	7.60	359.40
14	0+482.10	351.00	7.32	358.32	7.60	358.60	7.60	358.60
15	0+522.10	350.20	7.32	357.52	8.48	358.68	7.68	357.88
16	0+549.97	349.63	7.52	357.15	7.52	357.15	7.76	357.39
17	0+575.60	349.13	8.80	357.93	8.80	357.93	8.80	357.93
18	0+577.97	349.32	8.92	358.24	9.12	358.44	9.12	358.44
19	0+580.80	349.92	9.12	359.04	9.28	359.20	9.48	359.40
20	0+583.00	350.83	8.80	359.63	9.20	360.03	9.21	360.04
21	0+584.40	351.62	8.40	360.02	8.60	360.22	8.64	360.26

本泄洪洞为明流洞，且为高速水流，水面也存在掺气问题，存在掺气水深问题，由于模型流速较低，水面掺气有限，不能反映原型掺气情况，模型所测的水深基本上没有反映掺气，基本上可以作为清水水深，这个问题通过掺气水深解决。洞身净空余幅与洞中掺气水深直接相关，国内计算掺气水深使用较多的有王俊勇公式：

$$h_a = h/\beta, \qquad \beta = 0.937/(Fr\psi B/h)^{0.088} \tag{3-2}$$

式中 h_a——掺气水深，m；

h——清水深，m；

β——含水比；

Fr——弗劳德数，$Fr=v^2/gR$，

v——平均流速，m/s；

R——水力半径，m；

ψ——反映糙率 n 及水力半径 R 的无因次数，$\psi=ng^{0.5}/R^{1/6}$；

B——渠槽宽度，m。

采用式(3-2)计算断面掺气水深列于表3-9。对比表3-9里的资料可知，沿洞身掺气水深最大值，即余幅最小值位于洞出口前0+550断面附近，50年一遇洪水位时最小余幅为22.26%，设计洪水位时最小余幅为21.55%，校核洪水位时最小余幅为19.29%，洞身余幅不影响明流泄洪，满足设计和规范要求。

表3-9　泄洪洞洞顶余幅

序号	桩号	测点高程/m	$Z_{库}=417.20$ m		$Z_{库}=418.36$ m		$Z_{库}=422.41$ m	
			h_a/m	ω/%	h_a/m	ω/%	h_a/m	ω/%
1	0+042	359.80	6.88	30.38	7.07	28.51	7.07	28.51
2	0+122.10	358.20	7.14	27.75	7.14	27.75	7.65	22.61
3	0+202.10	356.60	7.10	28.22	7.36	25.52	7.48	24.34
4	0+322.10	354.20	7.49	24.25	7.61	23.05	7.80	21.10
5	0+442.10	351.80	7.57	23.40	7.62	22.88	7.89	20.21
6	0+549.97	349.63	7.68	22.26	7.75	21.55	7.98	19.29

3.1.1.3　小结

(1)试验结果表明，该设计方案在施放50年一遇洪水时，试验实测下泄

流量为 1 388 m^3/s,较设计值大 4.05%;在施放 500 年一遇设计洪水时,试验实测下泄流量为 1 407 m^3/s,较设计值大 4.22%;在施放 5 000 年一遇校核洪水时,试验实测下泄流量为 1 464 m^3/s,较设计值大 4.42%,泄洪洞的泄流能力满足设计要求。

(2)根据试验结果,泄洪洞闸门局开和全开的情况下,起挑前跃后水流未封顶,水流流态良好。

(3)试验结果表明,泄洪洞在库水位上升过程中有间歇性游荡漩涡出现,贯通吸气漩涡出现水位为 374.80~379.30 m;表层下陷不贯通漩涡出现水位为 379.30~389.20 m;水位超过 389.20 m,无漩涡产生。漩涡最大时直径约为 1 m,该漩涡对泄量、压力分布影响较小。

(4)泄洪洞进口顶板在各级工况下,除桩号 0+000.50 处出现负压外,其余压力均为正压,且随着库水位的升高,压力变化趋于平缓。50 年一遇库水位为 417.20 m 时,桩号 0+000.50 处顶板的负压为-3.73 mH_2O; 500 年一遇库水位为 418.36 m 时,桩号 0+000.50 处顶板的负压为 -3.17 mH_2O; 5 000 年一遇库水位为 422.41 m 时,桩号 0+000.50 处顶板的负压为 -3.01 mH_2O。

闸门槽均无负压,压力分布良好。实测泄洪洞检修门槽附近的最小空化数为 1.23,大于门槽初生空化数 0.7,闸门槽设计满足规范要求。

泄洪洞底板在各级工况下,除桩号 0+032 处出现负压外,其余压力均为正压,且随着库水位的升高,压力变化趋于平缓。50 年一遇库水位为 417.20 m 时,桩号 0+032 处底板的负压为 -0.85 mH_2O; 500 年一遇库水位为 418.36 m 时,桩号 0+032 处底板的负压为 -1.01 mH_2O; 5 000 年一遇库水位为 422.41 m 时,桩号 0+032 处底板的负压为 -1.33 mH_2O。

(5)泄洪洞水位上升过程中,均未出现水翅击打门铰支座的现象,门铰支座设计高程合理。

(6)泄洪洞洞身掺气水深均小于直墙高度,洞顶余幅均大于 15%,满足规范和设计要求。

3.1.2 泄洪洞 1:90 水工模型试验

3.1.2.1 工程概况

泄洪洞布置在溢洪道左侧,轴线总长 671 m,进口洞底高程为 360.00 m,控制段采用闸室有压短管形式,闸孔尺寸为 6.5 m× 7.5 m(宽×高),洞身采用无压城门洞形隧洞,断面尺寸为 7.5 m×8.4 m+ 2.1 m(宽×直墙高+拱高),洞身段长度为 506 m,出口消能方式采用挑流消能。金属结构设检修闸门和工作闸门:检修平板钢闸门,闸门尺寸 6.5 m× 8.7 m(宽×高),采用固定式卷扬启闭机启闭;检修门后设弧形工作钢闸门,工作闸门孔口尺寸为 6.5 m× 7.5 m(宽×高),采用液压启闭机启闭。

泄洪洞:库水位 400.50～411.00 m(20 年一遇),控泄 500 m^3/s、800 m^3/s、1 000 m^3/s;库水位 411.00～417.20 m(50 年一遇),控泄 1 000 m^3/s;库水位超过 417.20 m 时,敞泄,对应库水位 422.80 m 时,下泄流量 1 407 m^3/s。

3.1.2.2　试验成果

根据水工模型的设计原理、试验要求及试验场地等条件综合考虑,确定选用模型几何比尺 $\lambda_L=\lambda_H=90$ 的正态模型。

1. 泄流能力

试验在定床基础上进行,试验时溢洪道和导流洞关闭,泄洪洞单独全开泄流。表 3-10 给出了试验工况下具体的试验数据,表 3-11 给出了泄洪洞全开时实测的水位流量关系。由表 3-10 可以看出,在施放 50 年一遇洪水时,试验实测下泄流量为 1 391 m^3/s,较设计值大 4.27%;在施放 500 年一遇设计洪水时,试验实测下泄流量为 1 399 m^3/s,较设计值大 3.63%;在施放 5 000 年一遇校核洪水时,试验实测下泄流量为 1 451 m^3/s,较设计值大 3.50%。由此可见,泄洪洞的泄流能力满足设计要求。

表 3-10　泄洪洞实测特征水位流量关系

设计洪水标准	库水位/m	设计下泄流量/(m^3/s)	实测下泄流量/(m^3/s)	超泄流量/(m^3/s)	超泄/%
50 年一遇	417.20	1 334	1 391	57	4.27
500 年一遇设计	418.36	1 350	1 399	49	3.63
5 000 年一遇校核	422.41	1 402	1 451	49	3.50

表 3-11　泄洪洞全开时实测的水位流量关系

水位/m	流量/(m^3/s)	水位/m	流量/(m^3/s)
360.00	0	410.00	1 267
370.00	332	417.20(50 年一遇)	1 391
380.00	696	418.36(500 年一遇设计)	1 399
390.00	931	422.41(5 000 年一遇校核)	1 451
400.00	1 110		

2. 水流流态

1）500 年一遇设计洪水

在施放 500 年一遇设计洪水时，泄洪洞进口水流平顺，水流经洞身流出经扩散挑射入下游河道，但由于扩散角和挑射角度的问题，扩散水流部分打在两侧的护坡上，致使泄洪洞出口水流不是很顺畅。经挑射下泄水流由于对面山体的阻挡，大部分水流遇山体阻挡后沿河道向右直接横向流入下游主河道，流速约为 10 m/s，一小部分水流遇山体阻挡后流向左侧泄洪洞进口下游，产生逆时针漩涡，水流漩滚剧烈，下泄水流在流入主河道前，右侧部分水流受右岸凸出山体的阻挡，产生顺时针漩涡，漩涡流速 3.04 m/s。

2）5 000 年一遇校核洪水

在施放 5 000 年一遇校核洪水时，泄洪洞流态和 500 年一遇设计洪水时基本一致，经挑射下泄水流由于对面山体的阻挡，大部分水流遇山体阻挡后沿河道向右直接横向流入下游主河道，流速约为 10.7 m/s，一小部分水流遇山体阻挡后流向左侧泄洪洞进口下游，产生逆时针漩涡，水流漩滚剧烈，下泄水流在流入主河道前，右侧部分水流受右岸凸出山体的阻挡，产生顺时针漩涡，漩涡流速 3.59 m/s。

3. 动水时均压力

泄洪洞共埋设测压管 16 个，500 年一遇设计洪水和 5 000 年一遇校核洪水时泄洪洞试验实测动水时均压力值见表 3-12 及图 3-19，由试验结果可以看出，泄洪洞无负压。

表 3-12　泄洪洞试验实测动水时均压力值

序号	桩号	测压孔高程/m	部位	500 年一遇联合泄洪		5 000 年一遇联合泄洪	
				压力值/mH_2O	压坡线高程/m	压力值/mH_2O	压坡线高程/m
1	0+000	360.00	底板	12.44	372.44	18.47	378.47
2	0+011.25	360.00	底板	19.82	379.82	21.26	381.26
3	0+058.50	360.00	底板	9.02	369.02	12.62	372.62
4	0+076.50	360.00	底板	6.86	366.86	3.89	363.89
5	0+166.50	358.22	底板	15.03	373.25	16.22	376.22
6	0+256.50	356.42	底板	15.71	372.13	14.40	372.62
7	0+346.50	354.62	底板	11.79	366.41	10.08	366.50
8	0+436.50	352.82	底板	11.16	363.98	9.72	364.34

续表 3-12

序号	桩号	测压孔高程/m	部位	500 年一遇联合泄洪		5 000 年一遇联合泄洪	
				压力值/mH_2O	压坡线高程/m	压力值/mH_2O	压坡线高程/m
9	0+526.50	351.02	底板	7.74	358.76	6.48	359.30
10	0+558	350.59	底板	19.69	370.28	14.40	365.42
11	0+563	350.59	底板	16.27	366.86	16.99	367.58
12	0+572.78	352.97	底板	9.21	362.18	11.23	361.82
13	0+582.56	356.51	底板	1.35	357.86	4.62	357.59
14	0+053.75	368.70	顶板	12.92	381.62	13.41	369.92
15	0+056.75	368.10	顶板	2.27	370.37	4.10	372.80
16	0+059.75	367.50	顶板	11.33	378.83	16.67	384.77

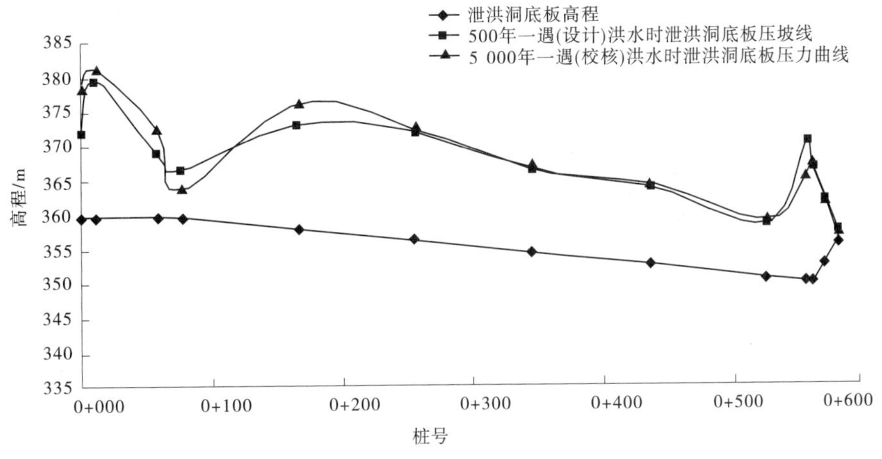

图 3-19　泄洪洞底板动水压力分布图

3.1.2.3　小结

(1)泄洪洞单独施放 50 年一遇洪水时,试验实测下泄流量为 1 391 m^3/s,较设计值大 4.27%;在单独施放 500 年一遇设计洪水时,试验实测下泄流量为 1 399 m^3/s,较设计值大 3.63%;在单独施放 5 000 年一遇校核洪水时,试验实测下泄流量为 1 451 m^3/s,较设计值大 3.50%,泄洪洞的泄流能力满足设计要求。

(2)泄洪洞泄洪时,各特征工况下水流都没有超过边墙且无水流击打牛腿的现象，边墙和闸门牛腿高程设置合理。

(3)泄洪洞在各特征工况下沿程均无负压产生。

(4)试验结果表明，泄洪洞的闸门启闭方式合理，满足规划拟定的调洪验算方案。泄洪洞在 20 年一遇洪水位 411.00 m 时，其泄流能力为 1 284 m^3/s，满足设计中拟定的泄洪洞敞泄前的控泄要求。

3.1.3 泄洪洞变尺度对水流特性的影响分析

3.1.3.1 泄流能力

泄洪洞两种比尺下的泄流能力如表 3-13 所示。

表 3-13 泄洪洞两种比尺下的泄流能力

设计洪水标准	实测下泄流量/(m^3/s)	
	1:40	1:90
50 年一遇	1 388	1 391
500 年一遇设计	1 407	1 399
5 000 年一遇校核	1 464	1 451

由表 3-13 可以看出，泄洪洞随着比尺的增大，施放 50 年一遇洪水时，流量减少了 3 m^3/s；施放 500 年一遇设计洪水时，流量增加了 8 m^3/s；施放 5 000 年一遇校核洪水时，流量增加了 13 m^3/s。由此可见，泄洪洞的泄流能力均满足设计要求。

3.1.3.2 流速流态

根据试验结果来看，两种比尺下泄洪洞进口的流态基本一致，而流速随着比尺的增加略有增大。

3.1.3.3 压力

比尺是 1:40 时，泄洪洞进口顶板在各级工况下，除桩号 0+000.50 处出现负压外，其余压力均为正压，且随着库水位的升高，压力变化趋于平缓。50 年一遇库水位为 417.20 时，桩号 0+000.50 处顶板的负压为-3.73 mH_2O；500 年一遇库水位为 418.36 时，桩号 0+000.50 处顶板的负压为-3.17 mH_2O；5 000 年一遇库水位为 422.41 时，桩号 0+000.50 处顶板的负压为-3.01 mH_2O。

闸门槽均无负压，压力分布良好。实测泄洪洞检修门槽附近的最小空化数为 1.23，大于门槽初生空化数 0.7，闸门槽设计满足规范要求。

泄洪洞底板在各级工况下，除桩号 0+032 处出现负压外，其余压力均为正压,且随着库水位的升高,压力变化趋于平缓。50 年一遇库水位为 417.20 时,桩号 0+032 处底板的负压为-0.85 mH_2O;500 年一遇库水位为 418.36 时,桩号 0+032 处底板的负压为-1.01 mH_2O;5 000 年一遇库水位为 422.41 时,桩号 0+032 处底板的负压为-1.33 mH_2O。

比尺为 1:90 时泄洪洞在各特征工况下沿程均无负压产生。

3.1.3.4　水面线

泄洪洞比尺 1:40 时,洞身掺气水深均小于直墙高度,洞顶余幅均大于 15%,满足规范和设计要求。

泄洪洞比尺 1:90 时,各特征工况下水流都没有超过边墙且无水流击打牛腿现象,边墙和闸门牛腿高程设置合理。

3.2　溢洪道水流特性的变尺度相似模拟研究

3.2.1　溢洪道 1:50 水工模型试验

3.2.1.1　工程概况

前坪水库左岸布置溢洪道,轴线总长 415 m,其中引水渠长度 252 m,闸室段长度 35 m,泄槽段长度 116 m。闸室为开敞式实用堰结构形式,采用 WES 曲线型实用堰,堰顶高程 403.00 m,共 5 孔,每孔净宽 15.00 m,闸室宽度 87 m、长度 35 m,下接泄槽段和消能段,消能方式采用挑流消能。溢洪道每孔设 1 扇弧形工作闸门,每扇闸门由 1 台弧门液压启闭机操作。溢洪道 1:50 断面单体模型布置图如图 3-20 所示。溢洪道平、剖面布置图如图 3-21 所示,溢洪道控制段结构图如图 3-22 所示。

3.2.1.2　试验结果

本试验采用 1:50 正态断面模型,而溢洪道原设计为 5 孔,闸室宽 87 m,从试验要求和供水及场地综合考虑,模型选取中孔及两侧两个半孔来模拟溢洪道的水流,模型长度范围取为闸室进口向上游 120 m 至下游挑流鼻坎下 100 m,总长度 351 m;模型宽度范围以不影响溢洪道进水口流态为依据,水箱左边墙到溢洪道进口左边及水箱右边墙到溢洪道进口右边的宽度均大于进水口总宽的 4 倍;模型高度以校核洪水位(422.41 m)情况下,上下游水位加 20 cm 超高控制。为了确保试验的精度,使模型能准确地反映原型的水流状况,在模型的进水口增设多道花墙以平稳水流;加之河道的天然调整能力,该模型范围对于满足试验段流场与原型流场的相似是足够的。

图 3-20　前坪水库溢洪道 1:50 断面模型布置图

1. 泄流能力

试验工况依据设计单位提供的溢洪道泄流能力表，水位由低到高施放，表 3-14 为溢洪道全开时实测的特征水位流量关系，表 3-15 为溢洪道全开时实测的水位流量关系，图 3-23 为溢洪道全开时实测的库水位流量关系曲线，图 3-24 为溢洪道不同开度时实测水位流量关系曲线。由表 3-14 可以看出，在施放 50 年一遇洪水时，试验实测下泄流量为 7 789 m^3/s，较设计值大 1.33%；在施放 500 年一遇设计洪水时，试验实测下泄流量为 8 800 m^3/s，较设计值大 1.76%；在施放 5 000 年一遇校核洪水时，试验实测下泄流量为 12 867 m^3/s，较设计值大 4.75%。由此可见，溢洪道的泄流能力满足设计要求。

表 3-14　溢洪道全开时实测的特征水位流量关系

设计洪水标准	库水位/m	设计下泄流量/(m^3/s)	实测下泄流量/(m^3/s)	超泄流量/(m^3/s)	超泄/%
50 年一遇	417.20	7 687	7 789	102	1.33
500 年一遇设计	418.36	8 648	8 800	152	1.76
5 000 年一遇校核	422.41	12 284	12 867	583	4.75

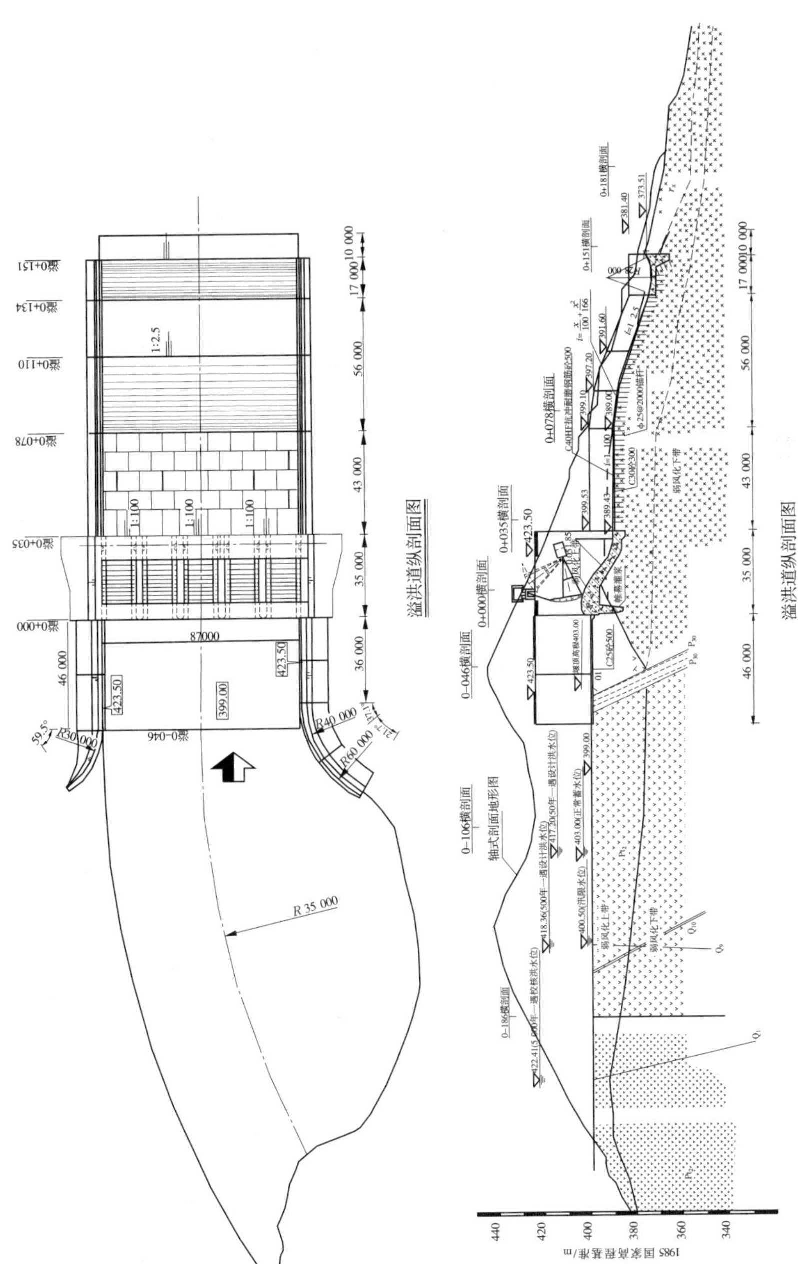

图3-21　前坪水库溢洪道平、剖面布置图　（单位：高程，m；尺寸，mm）

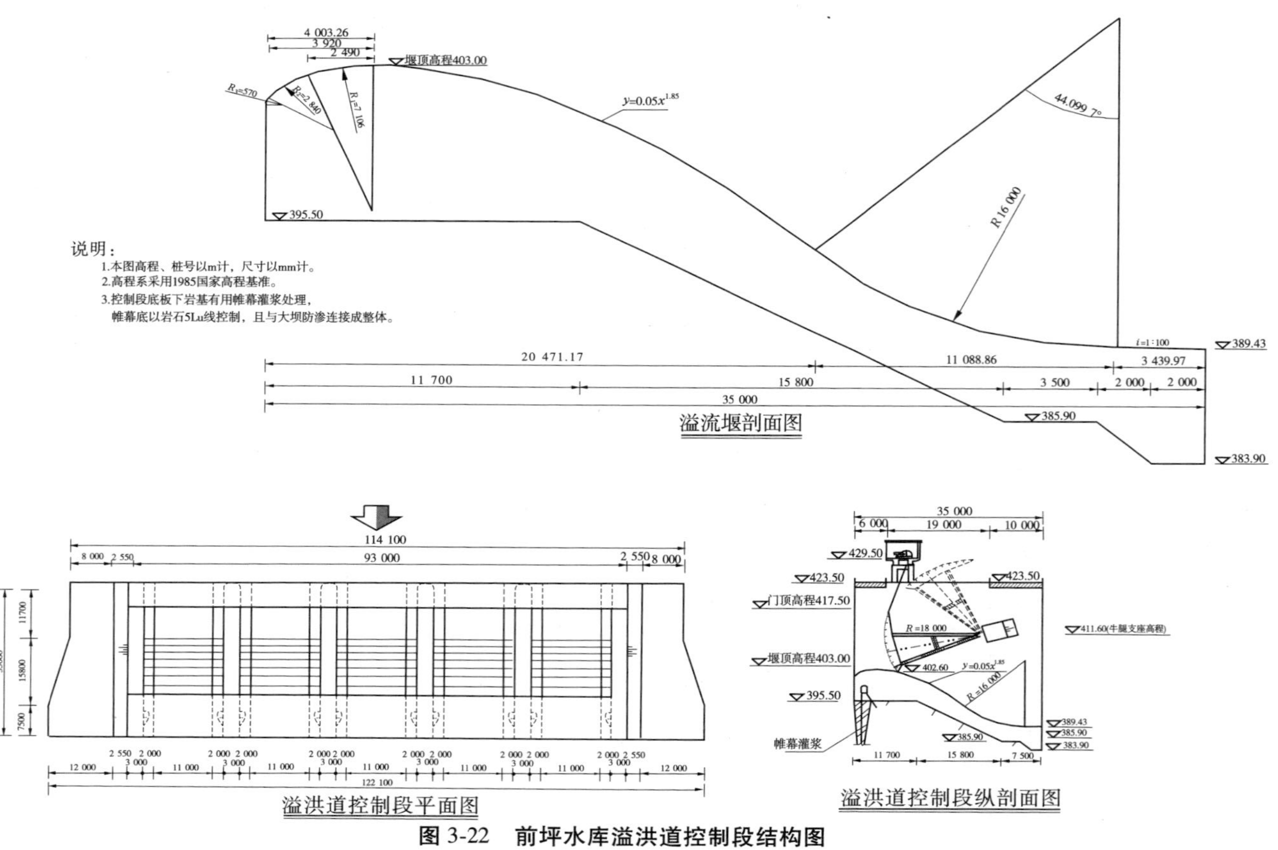

图 3-22 前坪水库溢洪道控制段结构图

表 3-15　溢洪道全开时实测的水位流量关系

水位/m	流量/(m^3/s)	水位/m	流量/(m^3/s)
403.00	0	416.00	6 752
407.00	1 178	417.20(50 年一遇)	7 789
410.00	2 756	418.36(500 年一遇设计)	8 800
413.00	4 646	422.41(5 000 年一遇校核)	12 867

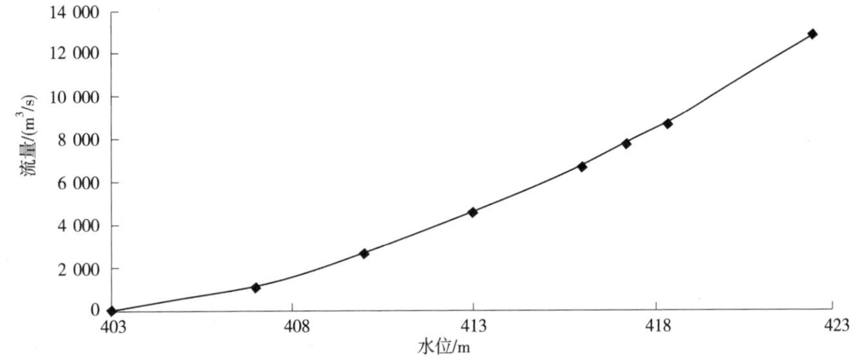

图 3-23　溢洪道全开时实测的特征水位流量关系曲线

在试验过程中控制闸门开度 e 为一固定值，然后调整上游库水位，待稳定时同时测量下泄的流量，可得到某一闸门开度 e 情况下过流流量与库水位的关系曲线。改变闸门开度 e 的大小，重复上述过程，可得到溢洪道各种开度情况下过流量与库水位的关系曲线。

在试验过程中，闸门开度 e(堰顶高程以上)取了 6 个值，分别为 2 m、4 m、6 m、8 m、10 m、全开，在这 6 种开度情况下，试验结果见图 3-24。可以看出，随着闸门开度的增加，曲线逐渐趋于平缓。

2. 水流流态

特征工况下，当库水位高于溢洪道堰顶高程 403 m 时，水流在墩头处有轻微的扰流现象，水流平顺流经闸室过墩墙后迅速扩散，在墩尾形成空腔，相邻两孔出射水流交汇形成较高且左右摇摆不定的水翅，50 年一遇洪水位时，水翅长 17.5 m、高 8 m，见图 3-25；500 年一遇设计洪水位时，水翅长 20 m、高 9.5 m，见图 3-26；5 000 年一遇校核洪水位时，水翅长 32.5m、高 10 m，见图 3-27。水流经泄槽并经鼻坎挑射入下游河道。

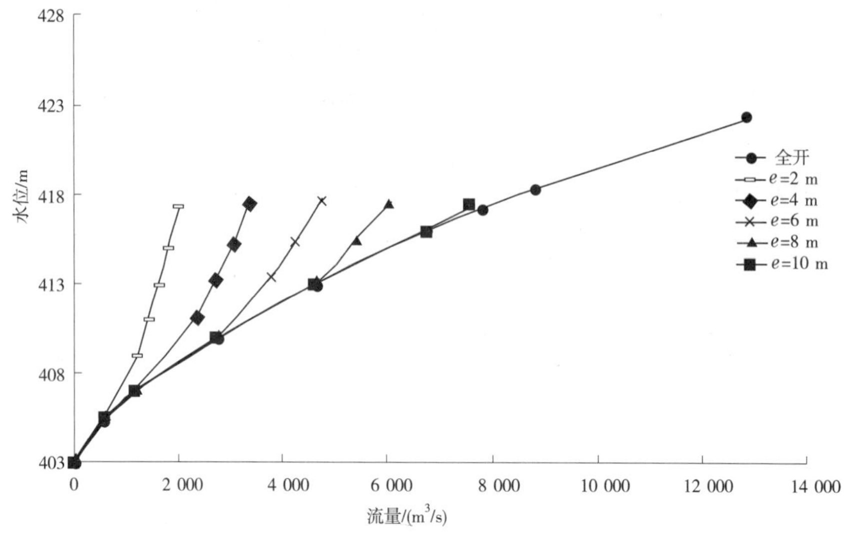

图 3-24　溢洪道在不同开度时库水位流量关系曲线

图 3-25　50 年一遇洪水时溢洪道水流流态

图 3-26　500 年一遇设计洪水时溢洪道水流流态

图 3-27　5 000 年一遇校核洪水时溢洪道水流流态

3. 水流流速

实测溢洪道中轴线流速分布见表 3-16。由表 3-16 可知,水位 417. 20 m 时,平均流速范围为 3. 98~22. 92 m/s;水位 418. 36 m 时,洞内平均流速范围为 4. 52~26. 57 m/s;水位 422. 41 m 时,平均流速范围为 5. 78~27. 00 m/s。最大流速出现在 0+149. 00 断面,为 27. 00 m/s;最小流速出现在 0+000 处,为 3. 98 m/s。

表 3-16 各特征工况下溢洪道沿程流速 单位:m/s

序号	桩号	测点位置	$Z_{库}$=417. 20 m	$Z_{库}$=418. 36 m	$Z_{库}$=422. 41 m
1	0+000	0. 2h	3. 98	4. 52	5. 78
		0. 8h	7. 62	8. 55	10. 82
2	0+001. 50	0. 2h	4. 72	5. 19	6. 42
		0. 8h	8. 18	9. 32	11. 66
3	0+004	0. 2h	6. 02	6. 29	7. 16
		0. 8h	9. 36	10. 21	12. 51
4	0+008	0. 2h	7. 15	7. 64	8. 32
		0. 8h	10. 98	11. 59	13. 23
5	0+012	0. 2h	10. 09	10. 25	11. 27
		0. 8h	10. 85	11. 79	12. 19
6	0+016	0. 2h	11. 35	11. 79	12. 15
		0. 8h	12. 33	12. 95	13. 56
7	0+020. 50	0. 2h	13. 62	12. 85	13. 45
		0. 8h	10. 45	11. 33	13. 55
8	0+023. 50	0. 2h	13. 43	13. 57	14. 06
		0. 8h	10. 67	10. 97	11. 45
9	0+031. 60	0. 2h	15. 05	15. 85	16. 20
		0. 8h	12. 74	13. 28	13. 96
10	0+035	0. 2h	15. 39	16. 73	16. 75
		0. 8h	15. 79	15. 58	15. 65
11	0+055	0. 2h	15. 93	16. 87	17. 28
		0. 8h	16. 01	16. 07	17. 11

续表 3-16

序号	桩号	测点位置	$Z_{库}$=417.20 m	$Z_{库}$=418.36 m	$Z_{库}$=422.41 m
12	0+075	0.2h	16.84	17.25	17.76
		0.8h	16.09	16.64	16.84
13	0+084	0.2h	17.56	17.63	18.12
		0.8h	16.75	16.80	17.69
14	0+093	0.2h	18.40	18.73	20.22
		0.8h	16.60	16.88	18.53
15	0+102	0.2h	18.63	19.78	19.88
		0.8h	17.01	17.54	18.57
16	0+110.50	0.2h	19.56	20.15	23.18
		0.8h	17.85	18.32	19.03
17	0+121.50	0.2h	20.50	20.55	23.55
		0.8h	18.76	19.64	20.69
18	0+131.00	0.2h	21.47	21.66	22.25
		0.8h	17.98	19.34	19.90
19	0+135.50	0.2h	21.45	21.52	23.00
		0.8h	16.42	18.38	18.44
20	0+139	0.2h	21.24	21.49	21.96
		0.8h	17.02	17.30	17.80
21	0+142.50	0.2h	22.92	24.83	24.95
		0.8h	19.50	20.30	20.89
22	0+149	0.2h	22.54	26.57	27.00
		0.8h	20.26	20.48	21.73

4.起挑、收挑

闸门全开时，起挑水位为 404.66 m，起挑流量为 282 m^3/s；收挑水位为 404.01 m，收挑流量为 93 m^3/s。各种特征工况下溢洪道的挑距如表 3-17 所示。

表 3-17　各种特征工况下溢洪道的挑距

设计洪水标准	库水位/m	挑距/m
50 年一遇	417.20	101
500 年一遇设计	418.36	109
5 000 年一遇校核	422.41	118

5. 动水时均压力

在 3 种特征水位下,溢洪道沿程所测的压力数据如表 3-18 所示,压坡线图如图 3-28 所示。分析试验资料可知,各级工况下,溢洪道全程均为正压,无负压出现。闸室控制段最大压力和最小压力均出现在校核水位时,最大压力位于 0+023.50 断面,为 20.19 mH_2O;最小压力位于 0+012.00 断面,为 0.84 mH_2O。泄槽段最大压力出现在校核洪水位时 0+139.00 断面,为 22.14 mH_2O;泄槽段最小压力出现在 50 年一遇洪水位时 0+149.00 断面,为 0.55 mH_2O。压力分布良好。

表 3-18　溢洪道沿程压力数据

序号	桩号	测点高程/m	$Z_库$=417.20 m		$Z_库$=418.36 m		$Z_库$=422.41 m	
			压力值/mH_2O	压坡线高程/m	压力值/mH_2O	压坡线高程/m	压力值/mH_2O	压坡线高程/m
1	0+000	400.96	11.55	412.51	12.40	413.36	13.95	414.91
2	0+001.50	402.49	5.67	408.16	5.52	408.01	4.67	407.16
3	0+004	403.00	3.51	406.51	3.06	406.06	1.86	404.86
4	0+008	402.41	2.05	404.46	1.75	404.16	1.15	403.56
5	0+012	400.77	2.29	403.06	0.74	401.51	0.84	401.61
6	0+016	398.20	2.56	400.76	3.51	401.71	5.31	403.51
7	0+020.50	394.76	9.60	404.36	10.75	405.51	14.55	409.31
8	0+023.50	391.87	14.74	406.61	16.14	408.01	20.19	412.06
9	0+031.60	389.43	11.93	401.36	13.53	402.96	18.33	407.76
10	0+035	389.43	10.48	399.91	12.08	401.51	17.13	406.56

续表 3-18

序号	桩号	测点高程/m	$Z_{库}$=417.20 m		$Z_{库}$=418.36 m		$Z_{库}$=422.41 m	
			压力值/mH_2O	压坡线高程/m	压力值/mH_2O	压坡线高程/m	压力值/mH_2O	压坡线高程/m
11	0+055	389.23	4.68	393.91	5.43	394.66	7.78	397.01
12	0+075	389.03	3.68	392.71	4.28	393.31	5.63	394.66
13	0+084	388.72	0.79	389.51	0.94	389.66	1.34	390.06
14	0+093	387.49	1.07	388.56	1.22	388.71	1.77	389.26
15	0+102	385.29	1.02	386.31	1.22	386.51	1.57	386.86
16	0+110.50	382.37	2.89	385.26	3.19	385.56	4.04	386.41
17	0+121.50	377.91	2.35	380.26	2.95	380.86	4.60	382.51
18	0+131	374.11	11.55	385.66	13.35	387.46	17.90	392.01
19	0+135.50	372.37	13.89	386.26	15.44	387.81	20.14	392.51
20	0+139	371.62	15.64	387.26	17.29	388.91	22.14	393.76
21	0+142.50	371.50	10.26	381.76	11.86	383.36	17.01	388.51
22	0+149	372.96	0.55	373.51	0.95	373.91	2.15	375.11

6. 沿程水面线

水位量测采用固定测针、活动测针联合测量，图 3-29～图 3-31 为溢洪道 50 年一遇、500 年一遇设计洪水位和 5 000 年一遇校核洪水位沿程水面线的分布情况，并在表 3-19 中列出了相关的数据资料，沿程水面线测点沿溢洪道中轴线布置。根据试验资料分析可知，各特征工况下水流都没有超过边墙，边墙高度设计合理。

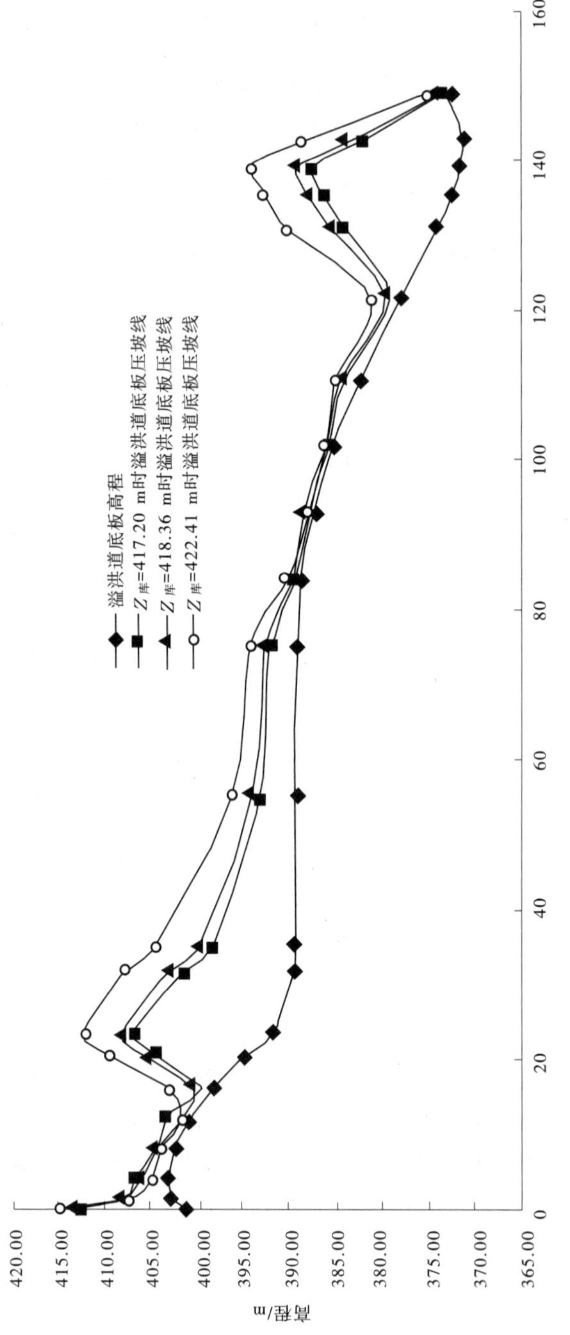

图 3-28　溢洪道在 3 种特征工况下沿程压坡线图

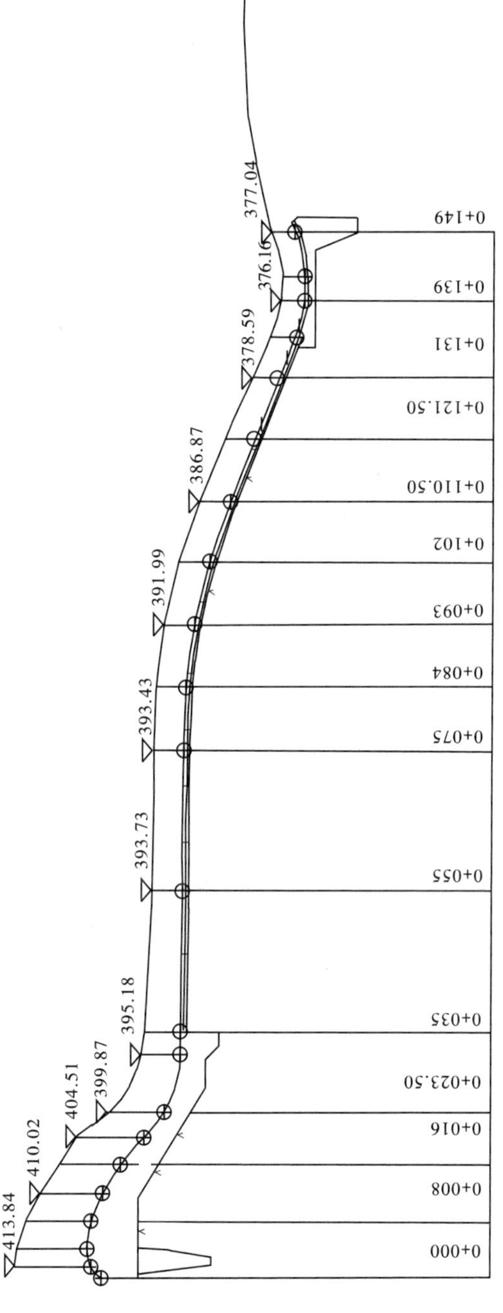

图3-29 50年一遇洪水位时溢洪道沿程水面线图

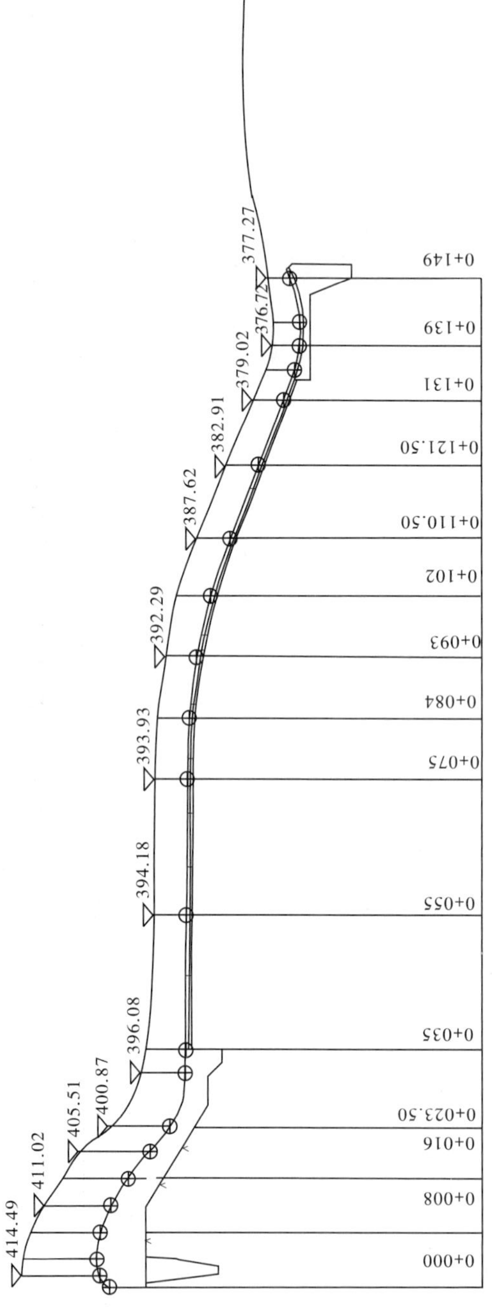

图 3-30 500 年一遇设计洪水位时溢洪道沿程水面线图

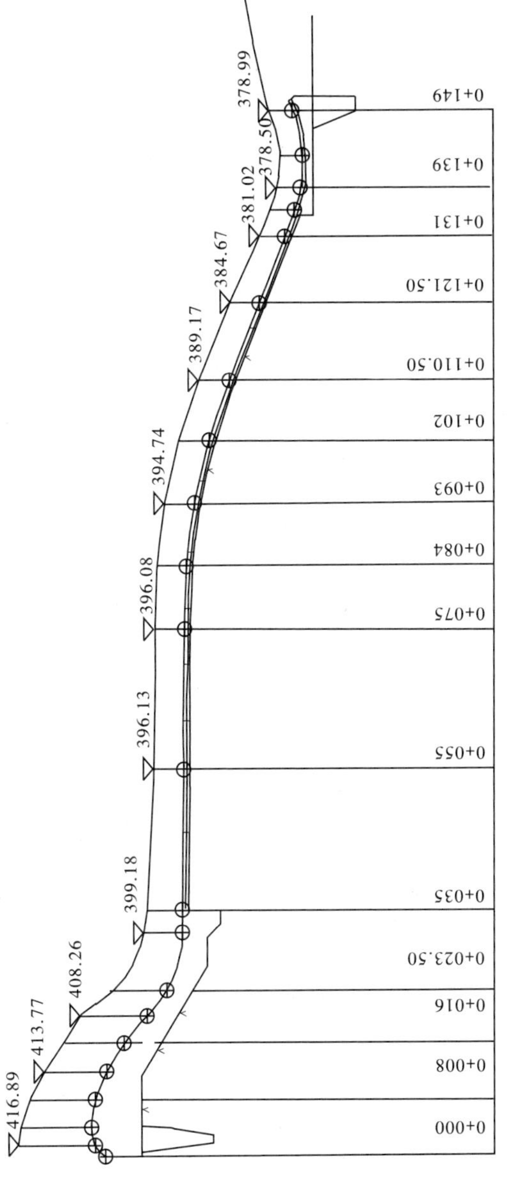

图 3-31　5 000 年一遇校核洪水位时溢洪道沿程水面线图

表 3-19 溢洪道沿程水面线 单位:m

序号	桩号	测点高程/m	$Z_{库}=417.20$ m		$Z_{库}=418.36$ m		$Z_{库}=422.41$ m	
			$h_{测}$	$Z_{水面}$	$h_{测}$	$Z_{水面}$	$h_{测}$	$Z_{水面}$
1	0+000	400. 96	13. 61	414. 57	14. 07	415. 03	16. 49	417. 45
2	0+001. 50	402. 49	11. 35	413. 84	12. 00	414. 49	14. 40	416. 89
3	0+004	403. 00	10. 50	413. 50	11. 35	414. 35	13. 50	416. 50
4	0+008	402. 41	9. 75	412. 16	10. 75	413. 16	13. 15	415. 56
5	0+012	400. 77	9. 25	410. 02	10. 25	411. 02	13. 00	413. 77
6	0+016	398. 20	9. 00	407. 20	10. 00	408. 20	12. 80	411. 00
7	0+020. 50	394. 76	9. 75	404. 51	10. 75	405. 51	13. 50	408. 26
8	0+023. 50	391. 87	8. 00	399. 87	9. 00	400. 87	13. 15	405. 02
9	0+031. 60	389. 43	5. 75	395. 18	6. 65	396. 08	9. 75	399. 18
10	0+035	389. 43	5. 35	394. 78	6. 00	395. 43	8. 75	398. 18
11	0+055	389. 23	4. 50	393. 73	4. 95	394. 18	6. 90	396. 13
12	0+075	389. 03	4. 40	393. 43	4. 90	393. 93	7. 05	396. 08
13	0+084	388. 72	4. 40	393. 12	4. 90	393. 62	7. 00	395. 72
14	0+093	387. 49	4. 50	391. 99	4. 80	392. 29	7. 25	394. 74
15	0+102	385. 29	4. 60	389. 89	5. 35	390. 64	7. 00	392. 29
16	0+110. 50	382. 37	4. 50	386. 87	5. 25	387. 62	6. 80	389. 17
17	0+121. 50	377. 91	4. 40	382. 31	5. 00	382. 91	6. 76	384. 67
18	0+131	374. 11	4. 48	378. 59	4. 91	379. 02	6. 91	381. 02
19	0+135. 50	372. 37	4. 57	376. 94	5. 12	377. 49	6. 90	379. 27
20	0+139	371. 62	4. 54	376. 16	5. 10	376. 72	6. 88	378. 50
21	0+142. 50	371. 50	4. 18	375. 68	4. 45	375. 95	6. 44	377. 94
22	0+149	372. 96	4. 08	377. 04	4. 31	377. 27	6. 03	378. 99

3.2.1.3　小结

(1)在施放 50 年一遇洪水时,试验实测下泄流量为 7 789 m^3/s,较设计值大 1.33%;在施放 500 年一遇设计洪水时,试验实测下泄流量为 8 800 m^3/s,较设计值大 1.76%;在施放 5 000 年一遇校核洪水时,试验实测下泄流量为 12 867 m^3/s,较设计值大 4.75%。由此可见,溢洪道的泄流能力满足设计要求。

(2)根据试验结果,溢洪道闸门局开和全开的情况下,水流平顺,由于矩形墩尾,相邻两孔出射水流交汇形成较高且左右摇摆不定的水翅,水翅落于底板形成较强的冲击波,恶化了泄槽水流流态,降低了出口水流的稳定性。试验过程中尝试采用流线型尾墩,根据试验观测,流线型墩尾的水翅大幅减低,对泄槽的不利影响明显降低,泄槽及出口水流趋于平稳,建议墩尾采用流线型,墩尾长在 5~6 m 时,水流流态较好。

(3)各级工况下,溢洪道全程无负压出现。闸室控制段最大压力和最小压力均出现在校核水位时,最大压力位于 0+023.50 断面,为 20.19 mH_2O;最小压力位于 0+012 断面,为 0.84 mH_2O。泄槽段最大压力出现在校核洪水位时 0+139 断面,为 22.14 mH_2O;泄槽段最小压力出现在 50 年一遇洪水位时 0+149 断面,为 0.55 mH_2O。压力分布良好。

(4)溢洪道水位上升过程中,均未出现水翅击打门铰支座的现象,门铰支座设计高程合理。

(5)溢洪道沿程水深均小于直墙高度,满足规范和设计要求。

3.2.2　溢洪道 1:90 水工模型试验

3.2.2.1　工程概况

左岸布置溢洪道,轴线总长 415 m,其中引水渠长度 252 m,闸室段长度 40 m,泄槽段长度 123 m。闸室为开敞式实用堰结构形式,采用 WES 曲线型实用堰,堰顶高程 403.00 m,共 5 孔,每孔净宽 15.00 m,闸室宽 87 m、长 40 m,下接泄槽段和消能段,消能方式采用挑流消能。溢洪道每孔设 1 扇弧形工作闸门,每扇闸门由 1 台弧门液压启闭机操作。溢洪道平、纵剖面布置图如图 3-32 所示,溢洪道控制段结构图如图 3-33 所示,溢洪道细部结构图如图 3-34~图 3-38 所示。

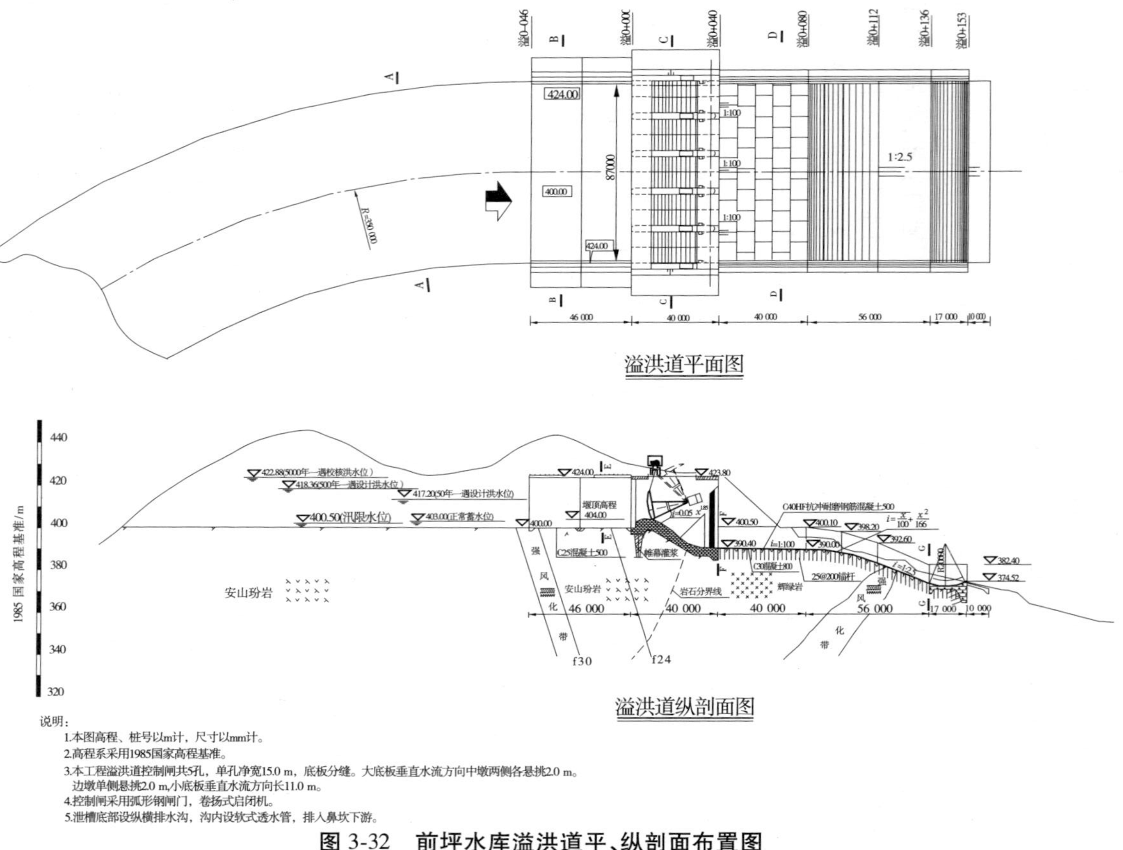

说明:

1.本图高程、桩号以m计，尺寸以mm计。

2.高程系采用1985国家高程基准。

3.本工程溢洪道控制闸共5孔，单孔净宽15.0 m，底板分缝。大底板垂直水流方向中墩两侧各悬挑2.0 m。边墩单侧悬挑2.0 m,小底板垂直水流方向长11.0 m。

4.控制闸采用弧形钢闸门，卷扬式启闭机。

5.泄槽底部设纵横排水沟，沟内设软式透水管，排入鼻坎下游。

图 3-32 前坪水库溢洪道平、纵剖面布置图

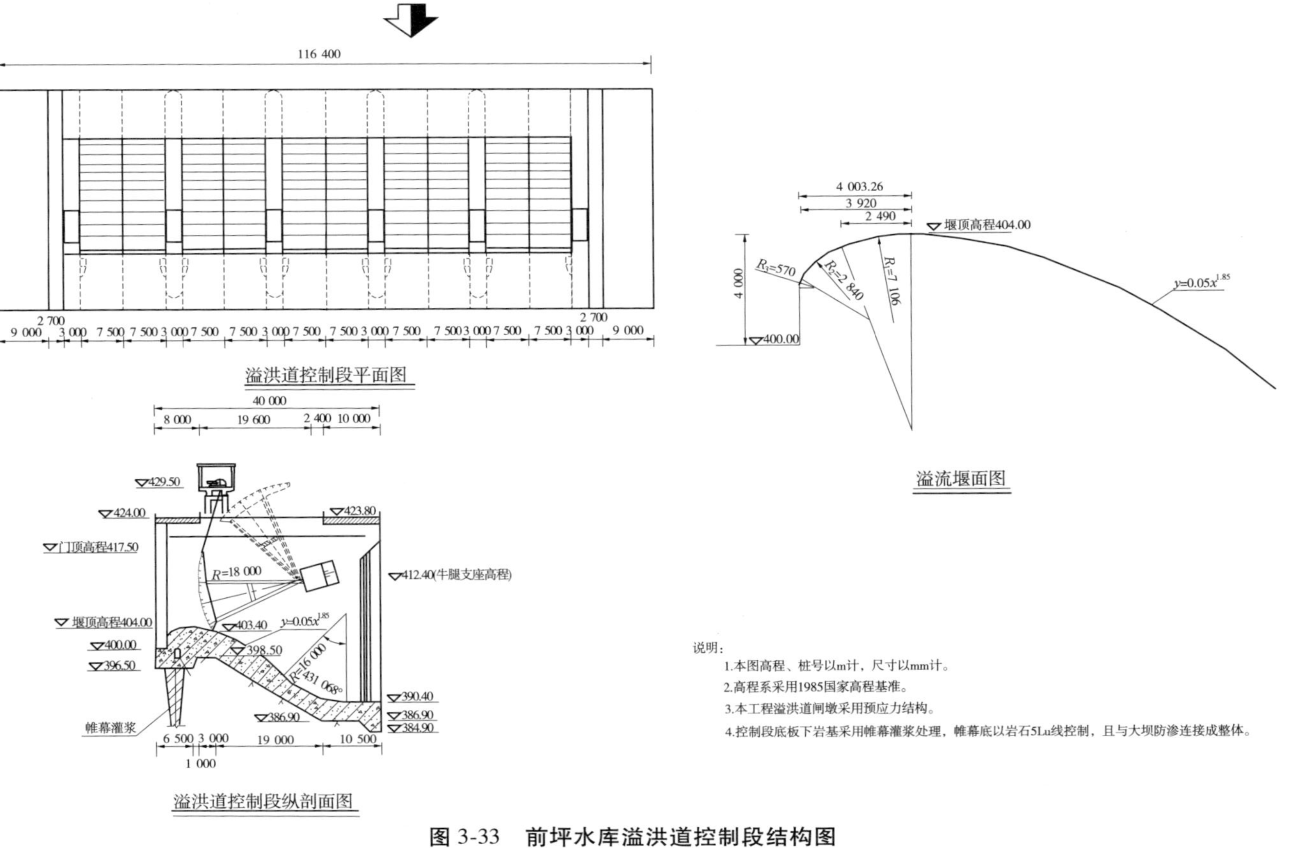

图 3-33　前坪水库溢洪道控制段结构图

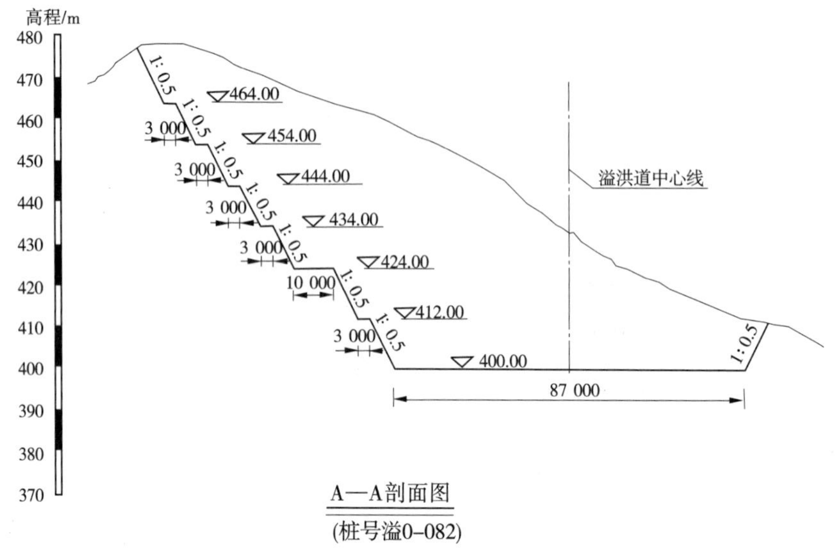

图 3-34　前坪水库溢洪道细部结构图(一)

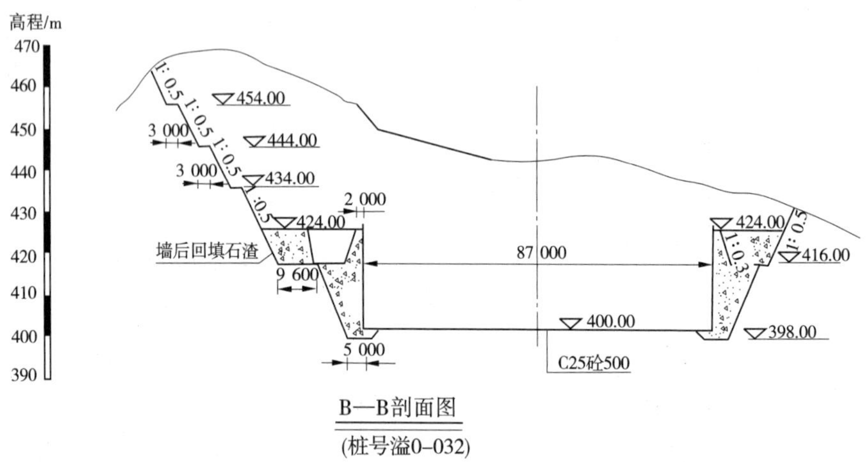

图 3-35　前坪水库溢洪道细部结构图(二)

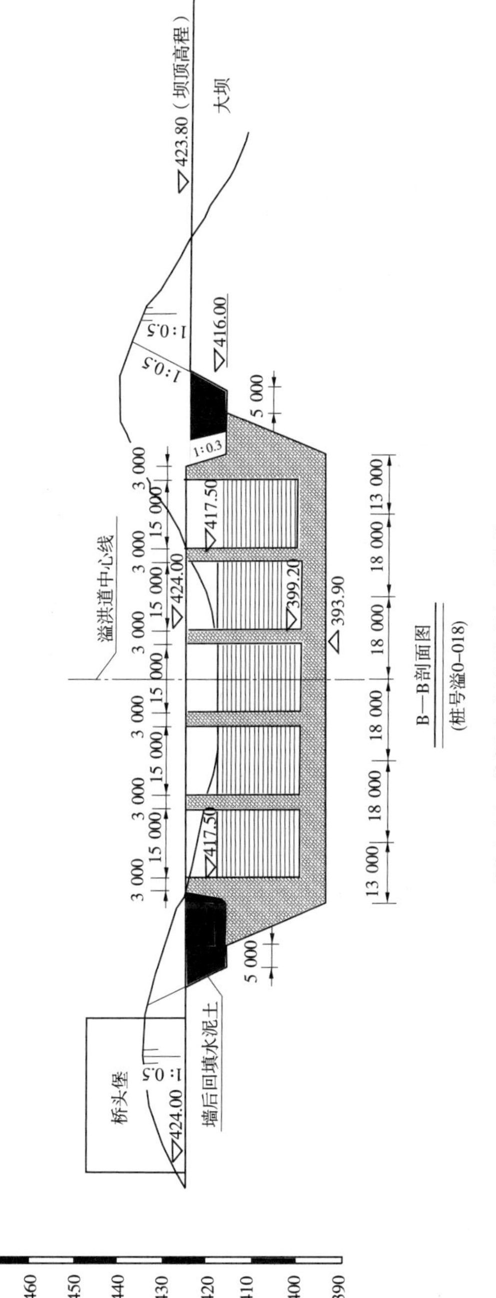

图 3-36　前坪水库溢洪道细部结构图(三)

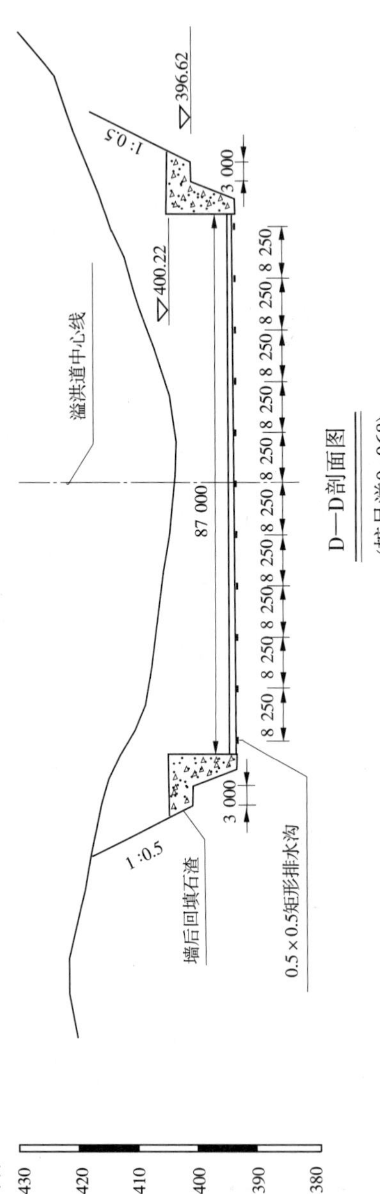

图 3-37 前坪水库溢洪道细部结构图(四)

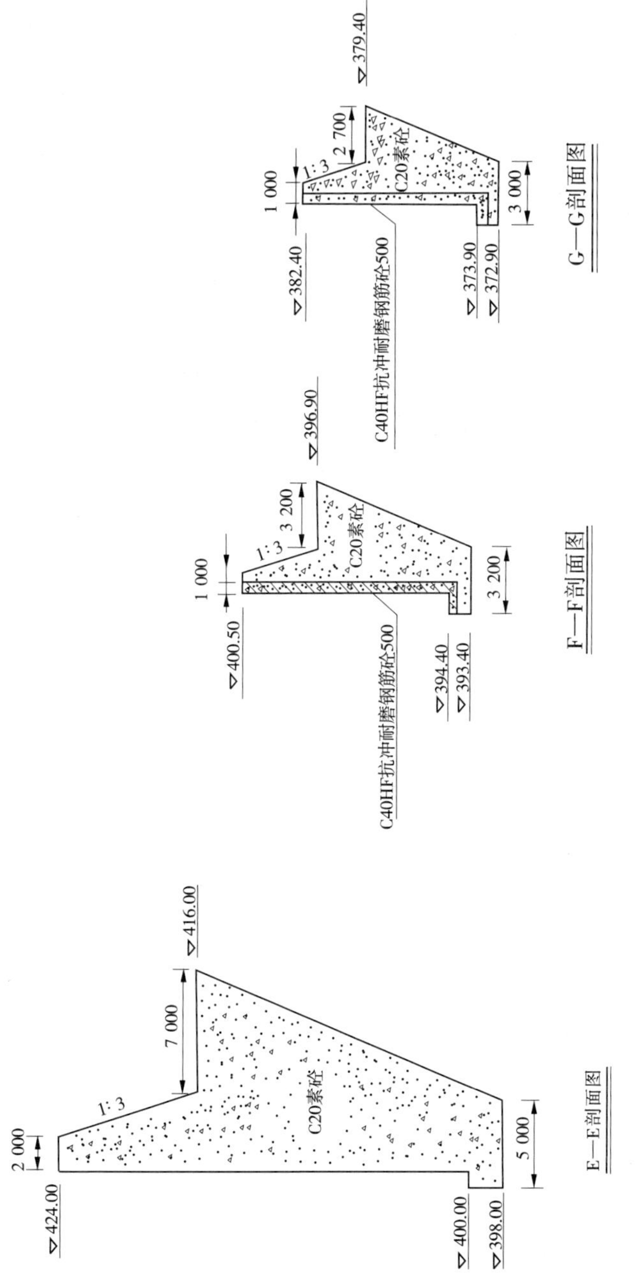

说明：

1.本图高程、桩号以m计，尺寸以mm计。

2.高程系采用1985国家高程基准。

3.各剖面位置见溢洪道平、剖面图。

4.溢洪道泄槽段底板、边墙表面均采用500mm厚C40HF抗冲耐磨钢筋砼。

5.泄槽底部设0.5×0.5矩形排水沟，沟内设 Φ100软式透水管，沟内填充级配碎石。

图 3-38　前坪水库溢洪道细部结构图(五)

3.2.2.2　试验结果

根据水工模型的设计原理、试验要求及试验场地等条件综合考虑，确定选用模型几何比尺 $\lambda_L=\lambda_H=90$ 的正态模型。

1. 泄流能力

试验是在定床基础上进行的，溢洪道单独全开泄流，图 3-39 为实测特征水位流量关系曲线，表 3-20 给出了试验工况下具体的试验数据，表 3-21 给出了溢洪道全开时实测的水位流量关系。由表 3-20 可以看出，在施放 50 年一遇洪水时，试验实测下泄流量为 8 298 m^3/s，较设计值大 7.95%；在施放 500 年一遇设计洪水时，试验实测下泄流量为 9 386 m^3/s，较设计值大 8.53%；在施放 5 000 年一遇校核洪水时，试验实测下泄流量为 13 544 m^3/s，较设计值大 10.26%。由此可见，溢洪道的泄流能力满足设计要求。

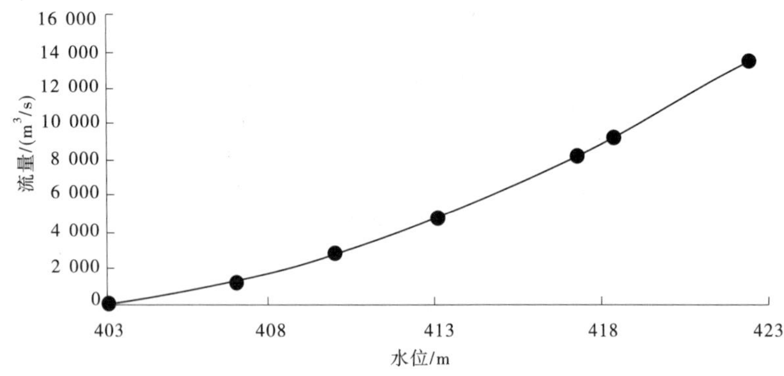

图 3-39　溢洪道实测特征水位流量关系曲线

表 3-20　溢洪道实测特征水位流量关系

设计洪水标准	库水位/m	设计下泄流量/(m^3/s)	实测下泄流量/(m^3/s)	超泄流量/(m^3/s)	超泄/%
50 年一遇	417.20	7 687	8 298	611	7.95
500 年一遇设计	418.36	8 648	9 386	738	8.53
5 000 年一遇校核	422.41	12 284	13 544	1 260	10.26

表 3-21　溢洪道全开时实测的水位流量关系

水位/m	流量/(m^3/s)	水位/m	流量/(m^3/s)
403.00	0	417.20(50 年一遇)	8 298
407.00	1 242	418.36(500 年一遇设计)	9 386
410.00	2 801	422.41(5 000 年一遇校核)	13 544
413.00	4 816		

2. 水流流态

1)500 年一遇设计洪水

在施放 500 年一遇设计洪水时,上游库区水位平稳,溢洪道进口引渠段水流平顺,闸室进口右侧进流由于受绕流影响,沿右侧导墙内侧产生微小的、连续的小涡纹,并延续到闸室右侧边孔,一定程度上会影响其泄流能力, 如图 3-40(a)所示。闸室左侧水流平顺,闸室进口左岸进流较为平顺,闸室左侧进口水流流态较好,水流出闸室后在墩尾形成水翅,水流经鼻坎挑射入下游河道,在尾水中发生冲击、紊动、扩散和漩涡等,溢洪道的挑距为 92 m, 如图 3-40(b)所示。经挑射下泄水流由于对面山体的阻挡,大部分水流遇山体阻挡后沿河道向右直接横向流入下游主河道,流速约为 10 m/s,一小部分水流遇山体阻挡后流向左侧泄洪洞进口下游,产生逆时针漩涡,水流漩滚剧烈,下泄水流在流入主河道前,右侧部分水流受右岸凸出山体的阻挡,产生顺时针漩涡,漩涡流速 3.04 m/s, 如图 3-40(c)所示。

2)5 000 年一遇校核洪水

在施放 5 000 年一遇校核洪水时,上游库区水位平稳,溢洪道进口引渠段水流平顺,闸室进口右侧进流由于受绕流影响,沿右侧导墙内侧产生连续的涡纹,并延续到闸室右侧两孔,一定程度上影响闸室的泄流能力, 如图 3-41(a)所示。闸室左侧水流平顺,闸室进口左岸进流较为平顺,闸室左侧进口水流流态较好,水流出闸室后在墩尾形成水翅,水流经鼻坎挑射入下游河道,在尾水中发生冲击、紊动、扩散和漩涡等,溢洪道的挑距为 98 m, 如图 3-41(b)所示。经挑射下泄水流由于对面山体的阻挡,大部分水流遇山体阻挡后沿河道向右直接横向流入下游主河道,流速约为 10.7 m/s,一小部分水流遇山体阻挡后流向左侧泄洪洞进口下游,产生逆时针漩涡,水流漩滚剧烈,下泄水流在流入主河道前,右侧部分水流受右岸凸出山体的阻挡,产生顺时针漩涡,漩涡流速 3.59 m/s, 如图 3-41(c)所示。

(a)溢洪道进口

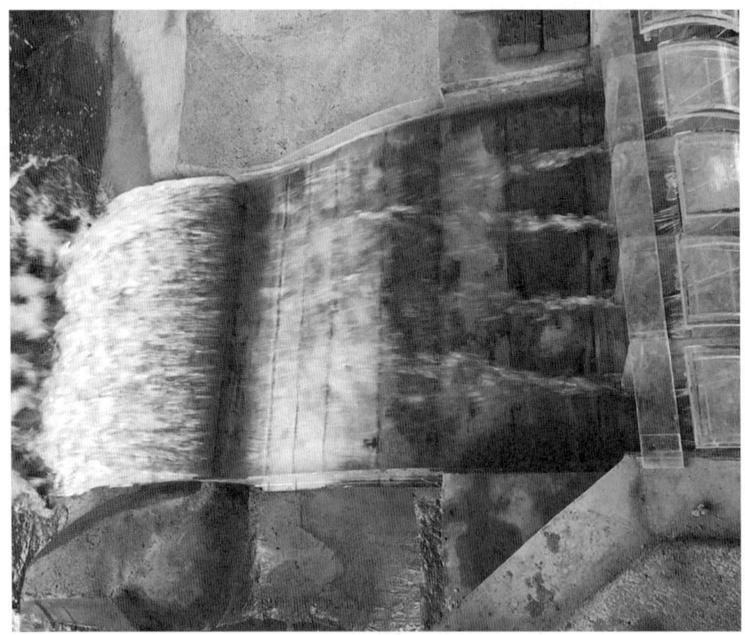

(b)溢洪道泄槽

图 3-40 500 年一遇设计洪水时水流流态

(c)下游河道

续图 3-40

(a)溢洪道进口

图 3-41　5 000 年一遇校核洪水时水流流态

(b)溢洪道泄槽

(a)下游河道

续图 3-41

3. 水流流速

施放 500 年一遇设计洪水和 5 000 年一遇校核洪水时溢洪道流速试验数据如表 3-22 所示,流速测点位于 5 个闸室中间,从右向左依次编号为 2、1、0、-1、-2。

表 3-22　溢洪道进口及鼻坎处流速　　单位:m/s

桩号	测点标号	测点位置	500 年一遇(设计)	5 000 年一遇(校核)
0-050	-2	0. 2*h*	4. 12	5. 64
		0. 8*h*	4. 17	5. 87
	-1	0. 2*h*	4. 33	5. 54
		0. 8*h*	4. 33	5. 41
	0	0. 2*h*	4. 63	4. 63
		0. 8*h*	3. 87	4. 95
	1	0. 2*h*	4. 15	5. 23
		0. 8*h*	4. 54	4. 77
	2	0. 2*h*	4. 63	5. 05
		0. 8*h*	4. 47	4. 68
0-020	-2	0. 2*h*	4. 86	7. 72
		0. 8*h*	4. 68	7. 84
	-1	0. 2*h*	4. 78	7. 00
		0. 8*h*	4. 39	6. 98
	0	0. 2*h*	4. 84	6. 52
		0. 8*h*	4. 64	6. 98
	1	0. 2*h*	3. 94	6. 90
		0. 8*h*	4. 28	6. 60
	2	0. 2*h*	5. 10	6. 99
		0. 8*h*	5. 11	6. 67
0+150. 25	-2	0. 2*h*	11. 90	15. 00
		0. 8*h*	12. 64	18. 23
	-1	0. 2*h*	11. 56	15. 30
		0. 8*h*	12. 32	18. 75
	0	0. 2*h*	11. 70	15. 10
		0. 8*h*	12. 69	18. 54
	1	0. 2*h*	11. 77	15. 24
		0. 8*h*	11. 37	18. 65
	2	0. 2*h*	11. 86	14. 93
		0. 8*h*	12. 31	18. 37

4. 动水时均压力

溢洪道共埋设测压管 16 个,溢洪道联合应用时 500 年一遇设计洪水和

5 000 年一遇校核洪水时溢洪道试验实测动水时均压力值详见表 3-23 及图 3-42,由试验结果可以看出,溢洪道无负压。

表 3-23 溢洪道动水时均压力值

序号	桩号	测压孔高程/m	部位	500 年一遇(设计)		5 000 年一遇(校核)	
				压力值/mH_2O	压坡线高程/m	压力值/mH_2O	压坡线高程/m
1	0+000	401.27	底板	13.83	415.10	15.45	416.72
2	0+001.51	402.55	底板	2.74	405.29	0.22	402.77
3	0+004	403.00	底板	2.56	405.56	3.19	406.19
4	0+009.40	401.95	底板	13.69	415.64	16.75	418.70
5	0+015.75	398.39	底板	1.77	400.16	4.65	403.04
6	0+020.67	394.11	底板	12.31	406.42	16.31	410.42
7	0+025.70	390.73	底板	17.89	408.62	22.21	412.94
8	0+031.78	389.40	底板	13.73	403.13	19.94	409.34
9	0+038	389.40	底板	6.89	396.29	13.10	402.50
10	0+058	389.20	底板	3.81	393.01	6.10	395.30
11	0+078	389.00	底板	19.78	408.78	24.12	413.12
12	0+094	387.29	底板	12.33	399.62	16.11	403.40
13	0+110.35	382.37	底板	13.02	395.39	21.75	404.12
14	0+134	372.91	底板	17.71	390.62	20.41	393.32
15	0+141.43	371.48	底板	19.14	390.62	30.84	402.32
16	0+150.25	374.52	底板	10.84	385.36	13.22	387.74

5. 沿程水面线

试验采用固定测针和活动测针相结合来观测水位,图 3-43 给出了溢洪道设计水位和校核水位沿程水面线的分布情况,并在表 3-24 中列出了相关的数据资料,沿程水面线测点沿溢洪道中轴线布置。根据试验资料分析可知,各特征工况下水流都没有超过边墙,边墙高度设计合理。

此外,在溢洪道进口选取桩号分别为 0-020、0-050 和 0-070 三个断面来测量进口横向水流,每个断面顺水流方向分为左、中、右三个测点,左、右测点分别是断面最左点和最右点,中测点为断面中轴线位置,在表 3-25 中列出了相关的试验数据,根据试验资料分析可知,水流主体偏向进水渠的左侧,水位左高右低,由上向下,水位逐渐下降。断面横向水位差高 2.32 m 左右。

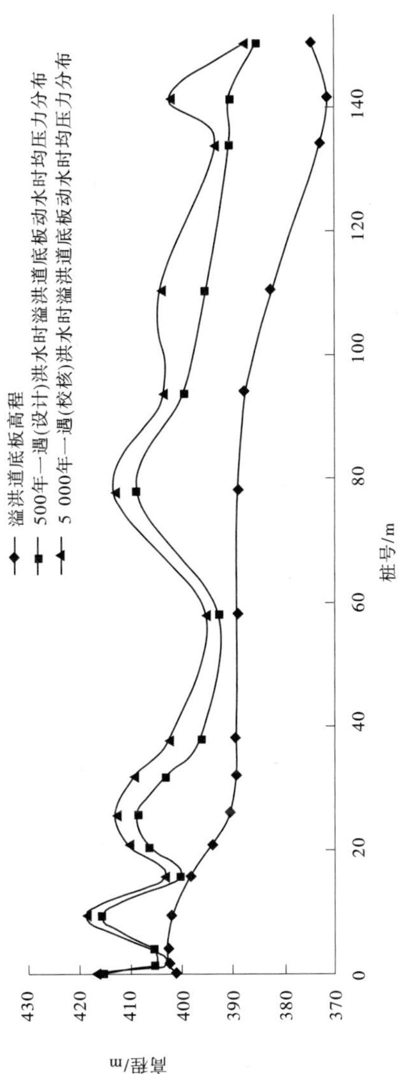

图 3-42　溢洪道底板动水时均压力分布图

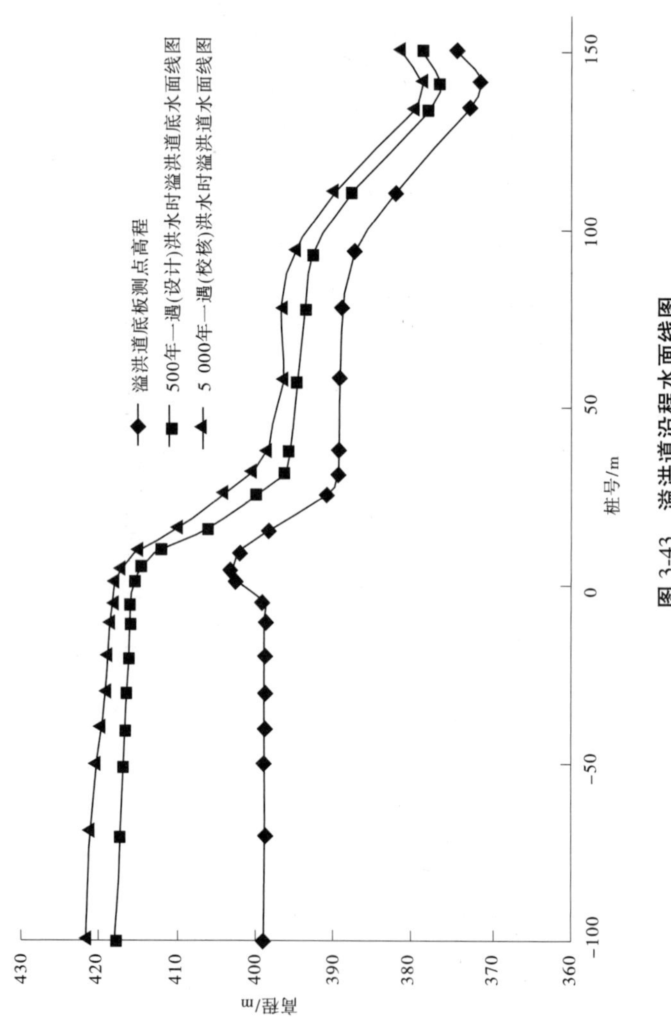

图 3-43　溢洪道沿程水面线图

表 3-24　溢洪道沿程水面线　单位:m

序号	桩号	测点高程	500 年一遇(设计)		5 000 年一遇(校核)	
			水深	水位	水深	水位
1	0-100	399.00	19.05	418.05	22.73	421.73
2	0-070	399.00	18.40	417.40	22.07	421.07
3	0-050	399.00	17.94	416.94	21.30	420.30
4	0-040	399.00	17.67	416.67	20.61	419.61
5	0-030	399.00	17.46	416.46	20.31	419.31
6	0-020	399.00	17.21	416.21	19.86	418.86
7	0-010	399.00	16.97	415.97	19.58	418.58
8	0-005	399.00	17.00	416.00	19.31	418.31
9	0+001.51	402.55	12.87	415.42	15.37	417.92
10	0+004	403.00	11.79	414.79	14.39	417.39
11	0+009.40	401.95	10.51	412.46	13.05	415.00
12	0+015.75	398.39	7.73	406.12	11.61	410.00
13	0+025.70	390.73	9.25	399.98	13.53	404.26
14	0+031.78	389.40	6.99	396.39	11.21	400.61
15	0+038	389.40	6.26	395.66	9.29	398.69
16	0+058	389.20	5.37	394.57	7.40	396.60
17	0+078	389.00	4.69	393.69	7.89	396.89
18	0+094	387.29	5.33	392.62	7.67	394.96
19	0+110.35	382.37	5.35	387.72	7.54	389.91
20	0+134	372.91	4.97	377.88	6.97	379.88
21	0+141.43	371.48	5.20	376.68	7.56	379.04
22	0+150.25	374.52	4.55	379.07	6.99	381.51

表 3-25　溢洪道进口断面横向水面线

单位：m

桩号	测点高程	500 年一遇（设计）						5 000 年一遇（校核）					
		左		中		右		左		中		右	
		水深	水位	水深	水位	水深	水位	水深	水位	水深	水位	水深	水位
0−070	399	18.32	417.32	18.40	417.40	17.33	416.33	22.00	421.00	22.07	421.07	20.83	419.83
0−050	399	17.90	416.90	17.94	416.94	16.83	415.83	21.23	420.23	21.30	420.30	19.85	418.85
0−020	399	17.18	416.18	17.21	416.21	15.30	414.30	19.82	418.82	19.86	418.86	17.54	416.54

3.2.2.3 **小结**

(1)溢洪道在单独施放 50 年一遇洪水时,试验实测下泄流量为 8 298 m^3/s,较设计值大 7.95%;在单独施放 500 年一遇设计洪水时,试验实测下泄流量为 9 386 m^3/s,较设计值大 8.53%;在单独施放 5 000 年一遇校核洪水时,试验实测下泄流量为 13 544 m^3/s,较设计值大 10.26%。由此可见,溢洪道的泄流能力满足设计要求。

(2)溢洪道泄洪时,各特征工况下水流都没有超过边墙且无水流击打牛腿现象,边墙和闸门牛腿高程设置合理。

(3)溢洪道在各特征工况下沿程均无负压产生。

3.2.3 溢洪道变尺度模拟对水流特性的影响分析

3.2.3.1 **泄流能力**

溢洪道两种比尺下的泄流能力如表 3-26 所示。

表 3-26　溢洪道两种比尺下的泄流能力

设计洪水标准	实测下泄流量/(m^3/s)	
	1:40	1:90
50 年一遇	7 789	8 298
500 年一遇设计	8 800	9 386
5 000 年一遇校核	12 867	13 544

由表 3-26 可以看出,溢洪道随着比尺的增大,施放 50 年一遇洪水时,流量减少了 509 m^3/s;施放 500 年一遇设计洪水时,流量减少了 586 m^3/s;施放 5 000 年一遇校核洪水时,流量减少了 677 m^3/s。由此可见,溢洪道的泄流能力均满足设计要求。随着比尺的变化泄流能力有所下降,分析主要原因是在两种比尺下溢洪道体形变化引起的泄量能力的变化。

3.2.3.2 **流速流态**

根据试验结果来看,两种比尺下溢洪道进口的流态基本一致,而流速随着比尺的增加略有增大。

3.2.3.3 **压力**

比尺 1:50 和 1:90 时,溢洪道在各特征工况下沿程均无负压产生。

3.2.3.4 **水面线**

根据试验结果比尺 1:40 时:溢洪道 500 年一遇设计洪水时桩号 0+001.50

处水深为 12 m,桩号 0+004 处水深为 11. 35 m,桩号 0+031. 60 处水深为 6. 65 m,桩号 0+149. 00 处水深为 4. 31 m;溢洪道 5 000 年一遇校核洪水时桩号 0+001. 50 处水深为 14. 40 m,桩号 0+004 处水深为 13. 50 m,桩号 0+031. 60 处水深为 9. 75 m,桩号 0+149. 00 处水深为 6. 03 m。

根据试验结果比尺 1∶90 时:溢洪道 500 年一遇设计洪水时桩号 0+001. 51 处水深为 12. 87 m,桩号 0+004 处水深为 11. 79 m,桩号 0+031. 78 处水深为 6. 99 m,桩号 0+150. 25 处水深为 4. 55 m;溢洪道 5 000 年一遇校核洪水时桩号 0+001. 51 处水深为 15. 37 m,桩号 0+004 处水深为 14. 39 m,桩号 0+031. 78 处水深为 11. 21 m,桩号 0+150. 25 处水深为 6. 99 m。

溢洪道在 500 年一遇设计洪水时和 5 000 年一遇校核洪水时比尺 1∶40 的水深比比尺 1∶90 的水深要小一些,分析主要原因是比尺 1∶40 时泄量比比尺为 1∶90 的要小,在流速略有增大的情况下 1∶40 的水深比比尺 1∶90 的水深小一些。此外,溢洪道在两种比尺下的体形也发生了一些变化,在闸室段和泄槽段的长度及挑流鼻坎的高度上也有所不同,这也是溢洪道随着比尺增大水深有所下降的原因之一。

第 4 章　糙率变尺度相似模拟对流量系数测定的影响分析

模型的阻力组成主要有沙粒(散粒体)阻力、沙坡阻力、河岸及滩面阻力、河槽形态阻力和人工建筑物的外加阻力,其中人工建筑物的外加阻力是水工模型试验研究的内容。在糙率的模拟过程中除考虑人工建筑物外,还要综合考虑原型的实际情况。水工模型试验主要为重力相似,根据建筑物图纸及地质资料,利用有机玻璃糙率为 0.007~0.008 的特性,对泄洪洞、溢洪道等糙率较小建筑物进行制作;利用净水泥表面糙率为 0.010~0.013 的特性,对上下游连接段糙率居中部位进行制作;利用水泥粗砂浆粉面拉毛或用板刮平混凝土,对主河槽两岸山体糙率比较大的部分进行制作。采用上述方法制作,基本能满足阻力相似。其他滩地上的地物、地貌在模型中也要进行认真塑造,这不仅是制作模型的要求,还是模型加糙的需要,在模拟边界条件的同时也在模拟河道的形态阻力。

本章通过对比前坪水库泄洪洞在 1:40 与 1:90 两种不同比尺,溢洪道在 1:50 与 1:90 两种不同比尺情况下,研究比尺变化对泄洪洞和溢洪道流量系数的影响。

4.1　糙率变尺度相似模拟对流量系数测定的影响分析

4.1.1　比尺 1:40 泄洪洞水工模型流量研究

当施放 50 年一遇、500 年一遇设计和 5 000 年一遇校核洪水时,泄洪洞闸室水流为有压流,洞内为明流,泄流能力按有压短管出流计算,计算公式为

$$Q = m_0 e B (2g(H - e))^{0.5} \tag{4-1}$$

式中　Q——流量, m^3/s;

m_0——包含侧收缩系数在内的短洞有压段的流量系数;

e——闸孔开启高度,m;

B——水流收缩断面处的底宽,m;

H——自有压短管出口的闸孔底板高程算起的上游库水深,m。

式(4-1)计算结果如表 4-1 所示,试验结果表明泄洪洞泄流能力均能满足设计要求。

表 4-1　泄洪洞 1∶40 特征工况流量系数

设计洪水标准	库水位/m	实测下泄流量/(m^3/s)	流量系数
50 年一遇	417.20	1 388	0.912
500 年一遇设计	418.36	1 407	0.914
5 000 年一遇校核	422.41	1 464	0.915

4.1.2　比尺 1∶90 泄洪洞水工模型流量研究

当施放 50 年一遇、500 年一遇设计和 5 000 年一遇校核洪水时,泄洪洞闸室水流为有压流,洞内为明流,泄流能力按有压短管出流计算,根据式(4-1)计算,结果如表 4-2 所示。

表 4-2　泄洪洞 1∶90 特征工况流量系数

设计洪水标准	库水位/m	实测下泄流量/(m^3/s)	流量系数
50 年一遇	417.20	1 391	0.914
500 年一遇设计	418.36	1 399	0.909
5 000 年一遇校核	422.41	1 451	0.907

根据试验结果可以看出,泄洪洞流量系数 m_0 随着水位的升高而降低,泄洪洞泄流能力均能满足设计要求。

4.1.3　比尺 1∶50 溢洪道水工模型流量研究

溢洪道泄流能力按自由式宽顶堰计算,即

$$Q = m_0 B(2g)^{1/2} H_0^{3/2} \tag{4-2}$$

式中　Q——流量,m^3/s;

B——总净宽,m;

m_0——包含侧收缩系数在内的流量系数;

H_0——包括行近流速水头的堰前水头,m。

根据式(4-2)计算,结果如表 4-3 所示。

表 4-3　溢洪道 1∶50 特征工况流量系数

设计洪水标准	库水位/m	实测下泄流量/(m^3/s)	B/m	流量系数
50 年一遇	417.20	7 789	75	0.438
500 年一遇设计	418.36	8 800	75	0.440
5 000 年一遇校核	422.41	12 867	75	0.453

由表 4-3 可以看出,溢洪道流量系数介于 0.438~0.453,随着水位的升高,流量系数逐渐增大。

4.1.4　比尺 1∶90 溢洪道水工模型流量研究

溢洪道泄流能力按自由式宽顶堰计算,根据式(4-2)计算,结果如表 4-4 所示。

表 4-4　溢洪道 1∶90 特征工况流量系数

设计洪水标准	库水位/m	实测下泄流量/(m^3/s)	B/m	流量系数
50 年一遇	417.20	8 298	75	0.467
500 年一遇设计	418.36	9 386	75	0.470
5 000 年一遇校核	422.41	13 544	75	0.477

由表 4-4 可以看出,溢洪道流量系数介于 0.467~0.477,随着水位的升高流量系数逐渐增大。

4.1.5　综合对比分析

由表 4-1 和表 4-2 可以看出,泄洪洞随着比尺的增大,施放 50 年一遇洪水时流量系数减小 0.002;施放 500 年一遇设计洪水时,流量系数增大 0.005;施放 5 000 年一遇校核洪水时,流量系数增大 0.008。两种比尺下流量系数变化不大,泄流能力也基本接近。

由表 4-3 和表 4-4 可以看出,溢洪道随着比尺的增大,施放 50 年一遇洪水时,流量系数减小 0.029;施放 500 年一遇设计洪水时,流量系数减小 0.03;施放 5 000 年一遇校核洪水时,流量系数减小 0.024。分析流量系数随比尺增大而减小的主要原因是因为溢洪道在两种比尺下的体形发生了一些变化，在闸室段和泄槽段的长度及挑流鼻坎的高度上都有所不同，导致泄流能力发生了变化，进而引起流量系数的减少。

采用 1∶40 和 1∶90 两种比尺对前坪水库泄洪洞泄流能力进行研究时可发现，当模型糙率比尺满足要求时，泄洪洞的流量系数变化不大。采用 1∶50 和 1∶90 两种比尺对前坪水库溢洪道泄流能力进行研究时，发现糙率比尺满足要求时，溢洪道的流量系数变化不大。分析流量系数的变化主要是由于体形的变化带来一定的影响。

4.2　溢洪道糙率变尺度相似模拟应用研究

目前，我国工程设计中的绝大多数水力学问题仍是通过水工模型试验解决的。试验模型通常按重力相似准则进行设计，为符合原型与模型间的阻力相似性，必须使原型与模型间包括糙率在内的边界条件完全相似；否则，达不到原型与模型间的完全动力相似；但实际上缩制模型时，糙率的缩制技术无法获得解决，故很难达成原型与模型间的完全动力相似。对于具有自由表面的紊动水流，重力作用远较其他作用力显著。当结构物纵向长度较短时，起主导作用的阻力为局部阻力，而非沿程阻力，保证模型的几何相似即可达到阻力的相似。因为在紊流中局部阻力仅和几何形状有关。对于溢洪道模型试验，若比例选择适当，界面尽可能达到光滑，所测的结果仍甚为准确。模型制作中选取不同的材料，则糙率发生相应变化。虽然国内外学者在糙率方面已做了大量研究，但目前尚无对同一模型采用不同材料进行糙率方面的深入分析研究。开展糙率变尺度相似模拟对溢洪道水利要素的影响研究，总结糙率模拟方法，分析由于模型糙率的变化，导致行近流速水头、侧收缩系数的变化，从而对流速流态、压力、流量系数等水力特性带来的影响，对于水工模型试验机理的探讨和技术方法的积累具有很强的理论意义和现实意义。

本节的主要研究内容如下：

以沟水坡水库溢洪道为例，按重力相似准则采用 1∶50 的正态模型来研究以下内容：

（1）利用糙率较小的材料（有机玻璃）制作溢洪道，通过物理模型对某溢洪道泄流时泄量、流速流态、水面线、压力等水力特性进行研究。

（2）利用糙率较大的材料（水泥净面）制作同一溢洪道物理模型，对其在相同工况下的泄量、流速流态、水面线、压力等水力特性进行对比研究，分析总结其变化规律。

4.2.1　溢洪道采用糙率小的材料试验结果

试验方案一：溢洪道引渠段、溢流堰段、陡坡段、消能工段均首先采用有机玻璃制作，下游尾水渠段采用水泥砂浆净面和拉毛处理。

试验按 30 年一遇（H=435.62 m）、50 年一遇（H=436.56 m）和 1 000 年一遇（H=439.26 m）三种特征工况进行。

4.2.1.1　泄流能力

1. 三种特征工况下的泄流能力

按照 30 年一遇、50 年一遇、1 000 年一遇特征水位控制，模型实测过流能力见表 4-5。

表 4-5　溢洪道实测特征水位泄流能力表

工况	特征水位/m	设计泄流量/(m^3/s)	实测流量/(m^3/s)	超设计泄流量/(m^3/s)	超泄/%
30 年一遇	435.62	492	529	37	7.52
50 年一遇	436.56	688	769	81	11.77
1 000 年一遇	439.26	1 371	1 598	227	16.56

由表 4-5 可以看出，30 年一遇工况下，溢洪道的设计泄流量为 492 m^3/s，实际泄流量为 529 m^3/s，比设计泄流量大 37 m^3/s，超过设计泄流量 7.52%；50 年一遇工况下，溢洪道的设计泄流量为 688 m^3/s，实际泄流量为 769 m^3/s，比设计泄流量大 81 m^3/s，超过设计泄流量 11.77%；1 000 年一遇工况下，溢洪道的设计泄流量为 1 371 m^3/s，实际泄流量为 1 598 m^3/s，比设计泄流量大 227 m^3/s，超过设计泄量 16.56%。泄流能力满足设计要求。

2. 流量系数

泄洪能力按自由式宽顶堰计算：

$$Q = m_0 B(2g)^{1/2} H_0^{3/2} \tag{4-3}$$

式中　Q——流量，m^3/s；

B——总净宽，m；

m_0——包含侧收缩在内的流量系数；

H_0——计入流速水头的上水头，m。

根据式（4-3）计算的流量系数，见表 4-6。

表 4-6　溢洪道流量系数

工况	$Z_{库}$/m	Q/(m^3/s)	B/m	m_0
30 年一遇	435. 62	529	45	0. 346
50 年一遇	436. 56	769	45	0. 364
1 000 年一遇	439. 26	1 598	45	0. 388

从表 4-6 可以看出,流量系数介于 0. 346~0. 388。

4. 2. 1. 2　流态、流速

1. 流态

1)30 年一遇洪水

当施放 30 年一遇洪水时,进口水面平稳,左右两边墙处形成小的跌水,水面差不大,桥墩处形成水冠,桥墩之后形成跌水,上游进口桥墩上下游水面差约 1. 0 m,过桥后水面波动较大。在陡坡段形成菱形波交汇于桩号溢 0+049 处,主流偏向右岸。流态如图 4-1、图 4-2 所示。

图 4-1　30 年一遇洪水溢洪道进口水流流态

2)50 年一遇洪水

当施放 50 年一遇洪水时,库水面较为平稳,溢洪道进口左右两翼墙处均形成跌水,右边高差约 0. 8 m 左右,该处流速为 2. 56 m/s;左边高差较小流速

图 4-2　30 年一遇洪水溢洪道陡坡段水流流态

为 2.31 m/s。右岸跌水形成的水波沿边墙从右侧桥孔下流过。桥墩处形成水冠，上游桥墩上下水面差平均 1.25 m，桥墩跌水由右到左逐渐减小，右侧水位差约 1.5 m，左侧水位差约 1.0 m，水流过桥后形成水波纹，水面波动明显，左右岸水面差约为 0.37 m。流态如图 4-3 所示。

溢洪道桩号溢 0+000~0-015 流态段水面下降明显，由于水流在桩号溢 0+000 断面处顶冲左岸，过桩号溢 0+000 流态。后形成菱形波水股从桩号溢 0+010 处斜着冲向右岸，与右岸水流在桩号溢 0+080 流态断面处相遇形成冲击波，随水股逐渐向右行进。流态如图 4-4 所示。

3)1 000 年一遇洪水

溢洪道右岸进口处跌水明显，边墙内外水面差为 2.6 m，该处流速为 3.54 m/s。跌水后水流上下翻滚，经交通桥右侧边孔流向下游，交通桥上游断面水面左高右低，左侧两边孔和中墩处的水面高程为 438.42~438.57 m，右侧两桥墩未上水，左岸也形成跌水，水面差约为 1.1 m，通过右边孔流向下游。水面过桥后波动较大，形成较大的波纹。溢洪道弯道段左右形成明显的水面差，落差最大处位于桩号溢 0-064 断面，此断面左右岸边墙水面落差约为 1.30 m，水流顶冲左右岸后形成菱形波，菱形波交汇处位于桩号溢 0+077 断面处，在桩号溢 0+088 断面形成最高点。流态如图 4-5、图 4-6 所示。

2. 流速

在三种特征水位条件下，溢洪道沿程分别布置 12 个断面进行量测，其中

图 4-3　50 年一遇洪水溢洪道进口水流流态

图 4-4　50 年一遇洪水溢洪道陡槽段水流流态

溢洪道进口桩号溢 0-123.278~0+010 断面之间 7 个断面是从河道右岸到左岸依次等分为 2、1、0、-1、-2 五个测点，其余 5 个断面从河道右岸到左岸依次等分为 2、0、-2 三个测点。其流速分布分别如表 4-7 所示。

图 4-5　1 000 年一遇洪水溢洪道进口水流流态

图 4-6　1 000 年一遇洪水溢洪道陡坡段水流流态

表 4-7　特征工况下各断面流速分布　　单位:m/s

断面桩号	工况	测点					
		位置	-2	-1	0	1	2
溢 0-123.278	30 年一遇	底	0.51	0.68	0.71	0.75	0.83
		面	0.75	0.73	0.84	0.87	0.85
	50 年一遇	底	0.64	0.84	0.74	0.92	0.74
		面	0.93	1.11	1.10	1.32	0.77
	1 000 年一遇	底	0.81	0.78	1.18	1.01	1.95
		面	1.43	1.65	1.70	1.99	1.97
溢 0-106.87	30 年一遇	底	2.61	2.71	2.76	2.97	3.45
		面	2.43	2.22	2.22	2.41	2.85
	50 年一遇	底	3.00	2.99	2.53	3.18	3.58
		面	2.69	2.55	2.57	2.84	3.21
	1 000 年一遇	底	3.43	1.95	3.75	4.71	5.93
		面	3.29	3.22	3.41	3.61	4.74
溢 0-96.931	30 年一遇	底	2.06	2.18	2.30	2.37	2.63
		面	2.27	2.34	2.35	2.28	2.73
	50 年一遇	底	2.61	2.40	2.72	2.68	3.50
		面	2.47	2.35	2.32	2.63	3.06
	1 000 年一遇	底	3.23	3.04	3.21	2.87	4.96
		面	3.25	2.88	2.94	3.46	4.78
溢 0-085.80	30 年一遇	底	1.83	2.19	1.96	2.28	2.61
		面	1.20	2.30	1.97	2.31	2.93
	50 年一遇	底	2.23	2.24	2.09	1.75	2.99
		面	2.41	2.34	1.81	1.99	2.11
	1 000 年一遇	底	2.65	1.70	2.61	2.75	2.79
		面	3.18	2.10	2.41	1.71	3.16

续表 4-7

断面桩号	工况	测点					
		位置	-2	-1	0	1	2
溢 0-064.77	30 年一遇	底	1.80	2.07	2.45	3.04	2.82
		面	1.97	2.38	2.36	3.10	2.81
	50 年一遇	底	2.16	2.56	2.61	2.86	3.28
		面	2.13	2.78	2.88	3.25	3.26
	1 000 年一遇	底	2.52	2.89	3.23	3.54	3.35
		面	2.59	3.48	3.40	3.72	3.49
溢 0-043.674	30 年一遇	底	1.96	2.17	2.62	2.93	2.65
		面	2.25	2.25	2.69	2.82	2.67
	50 年一遇	底	1.89	2.73	2.78	3.19	2.90
		面	2.36	2.75	2.92	3.19	2.76
	1 000 年一遇	底	2.89	3.47	3.77	3.53	3.36
		面	2.99	3.48	3.76	4.01	3.03
溢 0-015	30 年一遇	底	3.24	3.26	3.28	3.29	2.73
		面	3.02	3.18	3.29	3.00	2.81
	50 年一遇	底	3.46	3.32	3.48	3.65	3.09
		面	3.37	3.31	3.46	3.69	3.03
	1 000 年一遇	底	4.17	4.04	4.44	4.10	2.99
		面	4.28	4.53	4.56	4.33	3.49
溢 0-007.5	30 年一遇	底	1.86	2.08	2.29	2.30	2.78
		面	2.47	2.02	2.40	2.61	2.88
	50 年一遇	底	3.55	3.76	3.86	3.30	3.33
		面	3.67	4.06	4.01	3.63	3.37
	1 000 年一遇	底	4.78	4.84	5.04	5.12	4.28
		面	4.90	5.04	4.92	4.94	3.91

续表 4-7

断面桩号	工况	测点					
		位置	-2	-1	0	1	2
溢 0+010	30 年一遇	底	5.15	5.12	4.96	5.41	4.88
		面	4.93	4.52	4.52	4.70	4.77
	50 年一遇	底	6.57		7.06		6.46
		面	5.86		6.09		5.41
	1 000 年一遇	底	7.94	8.04	7.58	7.92	7.49
		面	7.62	7.41	7.11	6.76	6.37
溢 0+070	30 年一遇	底	15.03		12.89		15.41
		面	11.11		11.01		10.18
	50 年一遇	底	13.91		15.03		15.28
		面	16.56		14.90		15.14
	1 000 年一遇	底	14.61		14.45		14.91
		面	11.82		16.34		14.43
溢 0+115.00	30 年一遇	底	11.22		16.99		11.78
		面	11.24		13.58		11.36
	50 年一遇	底	14.41		17.29		17.70
		面	14.81		17.86		13.96
	1 000 年一遇	底	16.43		17.65		18.66
		面	9.40		17.97		18.13
溢 0+156.4	30 年一遇	底	4.66		10.45		6.95
		面	1.57		6.77		4.89
	50 年一遇	底	4.96		8.54		13.02
		面	4.30		3.08		4.57
	1 000 年一遇	底	9.79		7.72		15.26
		面	3.61		3.40		3.00

4.2.1.3　水位

水位量测采用固定测针、活动测针联合测量,沿溢洪道轴线共布置 16 个测点测量断面,其中溢洪道进口桩号溢 0-085.868~0+010 断面之间 9 个断面是从河道右岸到左岸依次等分为 2、1、0、-1、-2 五个测点,其余 7 个断面从河道右岸到左岸依次等分为 2、0、-2 三个测点。

在三种特征水位条件下,溢洪道沿程所测的中轴线、右岸及左岸水位数据分别如表 4-8~表 4-10 所示。

表 4-8　溢洪道沿程及尾水中轴线水位数据　单位:m

桩号	测点底部高程	30 年一遇		50 年一遇		1 000 年一遇	
		水深	水位	水深	水位	水深	水位
溢 0-085.868	431.73	3.25	434.98	4.07	435.80	6.44	438.17
溢 0-64.771	431.73	3.37	435.10	4.28	436.01	6.44	438.17
溢 0-43.674	431.73	3.40	435.13	4.20	435.93	6.43	438.16
溢 0-015	431.73	3.13	434.86	3.85	435.58	5.93	437.66
溢 0-010	431.73	2.98	434.71	3.60	435.33	5.84	437.57
溢 0-005	431.73	2.90	434.63	3.56	435.29	5.40	437.13
溢 0+000	431.73	2.67	434.40	3.30	435.03	5.15	436.88
溢 0+005	431.73	2.47	434.20	3.00	434.73	4.68	436.41
溢 0+010	431.73	1.92	433.65	2.40	434.13	4.00	435.73
溢 0+055	421.73	0.90	422.63	1.02	422.75	1.50	423.23
溢 0+070	418.40	0.91	419.31	1.58	419.98	3.46	421.86
溢 0+085	415.06	1.95	417.01	2.06	417.12	4.08	419.14
溢 0+100	411.73	2.24	413.97	2.68	414.41	3.65	415.38
溢 0+115	408.40	1.51	409.91	1.99	410.39	3.33	411.73
溢 0+130	405.06	2.97	408.03	1.63	406.69	2.38	407.44
溢 0+141.4	402.53	6.26	408.79	4.51	407.04	4.00	406.53

表 4-9　溢洪道沿程及尾水右岸水位数据　单位:m

桩号	测点底部高程	30 年一遇		50 年一遇		1 000 年一遇	
		水深	水位	水深	水位	水深	水位
溢 0-085.868	431.73	3.06	434.79	3.94	435.67	5.94	437.67
溢 0-64.771	431.73	3.08	434.81	3.80	435.53	5.70	437.43
溢 0-43.674	431.73	3.26	434.99	3.87	435.6	6.17	437.90
溢 0-015	431.73	3.05	434.78	3.82	435.55	5.79	437.52
溢 0-010	431.73	3.01	434.74	3.61	435.34	5.74	437.47
溢 0-005	431.73	2.85	434.58	3.60	435.33	5.44	437.17
溢 0+000	431.73	2.59	434.32	3.35	435.08	5.09	436.82
溢 0+005	431.73	2.25	433.98	2.96	434.69	4.63	436.36
溢 0+010	431.73	1.99	433.72	2.44	434.17	3.90	435.63
溢 0+055	421.73	1.54	423.27	1.68	423.41	3.48	425.21
溢 0+070	418.40	1.12	419.52	1.21	419.61	2.64	421.04
溢 0+085	415.06	0.83	415.89	0.93	415.99	1.99	417.05
溢 0+100	411.73	1.00	412.73	0.95	412.68	1.85	413.58
溢 0+115	408.40	0.85	409.25	1.04	409.44	2.60	411.00
溢 0+130	405.06	3.33	408.39	3.47	408.53	3.40	408.46
溢 0+141.4	402.53	5.94	408.47	4.98	407.51	5.85	408.38

表 4-10　溢洪道沿程及尾水左岸水位数据表　单位:m

桩号	测点底部高程	30 年一遇		50 年一遇		1 000 年一遇	
		水深	水位	水深	水位	水深	水位
溢 0-085.868	431.73	3.44	435.17	4.31	436.04	6.61	438.34
溢 0-64.771	431.73	3.63	435.36	4.53	436.26	6.79	438.52
溢 0-43.674	431.73	3.68	435.41	4.41	436.14	6.75	438.48
溢 0-015	431.73	3.14	434.87	4.01	435.74	5.76	437.49

续表 4-10

桩号	测点底部高程	30年一遇		50年一遇		1000年一遇	
		水深	水位	水深	水位	水深	水位
溢 0-010	431.73	3.05	434.78	3.86	435.59	5.95	437.68
溢 0-005	431.73	2.84	434.57	3.55	435.28	5.53	437.26
溢 0+000	431.73	2.62	434.35	3.21	434.94	4.99	436.72
溢 0+005	431.73	2.27	434.00	2.77	434.50	4.37	436.10
溢 0+010	431.73	1.81	433.54	2.30	434.03	3.67	435.40
溢 0+055	421.73	1.51	423.24	2.39	424.12	4.04	425.77
溢 0+070	418.40	0.92	419.32	0.94	419.34	2.18	420.58
溢 0+085	415.06	0.65	415.71	0.80	415.86	1.53	416.59
溢 0+100	411.73	0.60	412.33	0.74	412.47	1.48	413.21
溢 0+115	408.40	0.63	409.03	0.75	409.15	1.54	409.94
溢 0+130	405.06	3.84	408.90	1.70	406.76	4.50	409.56
溢 0+141.4	402.53	6.28	408.81	6.55	409.08	6.51	409.04

4.2.1.4　压力

压力采用测压管量测时均动水压力，沿溢洪道共布置测压管15个，溢洪道特征工况下压力试验数据详见表4-11。

4.2.2　溢洪道采用糙率大的材料试验结果

试验方案二：溢洪道引渠段、溢流堰段、陡坡段、消能工段均采用水泥砂浆净面和拉毛处理。

4.2.2.1　泄流能力

1. 三种特征工况下的泄流能力

溢洪道泄流能力见表4-12所示。

表 4-11　溢洪道三种特征水位下的压力试验数据

测点	桩号	测点高程/m	30 年一遇 H=435.62 m		50 年一遇 H=436.56 m		1 000 年一遇 H=439.26 m	
			压力线高程/mH_2O	差值/mH_2O	压力线高程/mH_2O	差值/mH_2O	压力线高程/mH_2O	差值/mH_2O
1	溢 0-106.868	431.73	435.57	3.84	436.32	4.59	438.42	6.69
2	溢 0-085.868	431.73	435.47	3.74	436.27	4.54	438.42	6.69
3	溢 0-65.771	431.73	435.47	3.74	436.27	4.54	438.42	6.69
4	溢 0-43.674	431.73	435.47	3.74	436.22	4.49	438.32	6.59
5	溢 0-015	431.73	435.32	3.59	436.02	4.29	438.07	6.34
6	溢 0+000	431.73	434.82	3.09	435.22	3.49	437.17	5.44
7	溢 0+010	431.73	433.27	1.54	433.62	1.89	433.92	2.19
8	溢 0+033.18	426.58	427.72	1.14	428.22	1.64	429.42	2.84
9	溢 0+055.25	421.68	422.02	0.35	422.47	0.80	423.67	2.00
10	溢 0+076.74	416.90	418.47	1.57	419.37	2.47	420.67	3.77
11	溢 0+102.69	411.13	414.07	2.94	414.67	3.54	415.67	4.54
12	溢 0+118.31	407.66	407.92	0.26	408.27	0.61	409.17	1.51
13	溢 0+141.4	402.53	412.92	10.39	414.42	11.89	416.17	13.64
14	溢 0+153.9	402.53	409.27	6.74	409.52	6.99	409.92	7.39
15	溢 0+178.9	402.53	409.37	6.84	410.52	7.99	414.52	11.99

表 4-12　溢洪道实测特征水位泄流能力

工况	特征水位/m	设计泄流量/(m^3/s)	实测流量/(m^3/s)	超设计泄流量/(m^3/s)	超泄/%
30 年一遇	435.62	492	505	13	2.64
50 年一遇	436.56	688	736	48	6.98
1 000 年一遇	439.26	1 371	1 577	206	15.03

由表 4-12 可以看出,30 年一遇工况下,溢洪道的设计泄流量为 492 m^3/s,实际泄流量为 505 m^3/s,比设计泄流量大 13 m^3/s,超过设计泄流量 2.64%;50 年一遇工况下,溢洪道的设计泄流量为 688 m^3/s,实际泄流量为 736 m^3/s,比设计泄流量大 48 m^3/s,超过设计泄流量 6.98%;1 000 年一遇工况下,溢洪道的设计泄流量为 1 371 m^3/s,实际泄流量为 1 577 m^3/s,比设计泄流量大 206 m^3/s,超过设计泄流量 15.03%。泄流能力满足设计要求。

2. 溢洪道流量系数

根据式(4-3)计算的流量系数,见表 4-13。

表 4-13　溢洪道流量系数表

工况	$Z_{库}$/m	Q/(m^3/s)	B/m	m_0
30 年一遇	435.62	505	45	0.330
50 年一遇	436.56	736	45	0.348
1000 年一遇	439.26	1577	45	0.383

从表 4-13 可以看出,流量系数介于 0.330~0.383。

4.2.2.2　流态、流速

1. 流态

试验方案二各试验工况的水流流态和原试验方案水流流态一致,各工况下的水流流态如图 4-7~图 4-12 所示。

2. 流速

试验方案二溢洪道各特征工况下流速分布如表 4-14 所示。

图 4-7 对比方案 30 年一遇洪水溢洪道进口水流流态

图 4-8 对比方案 30 年一遇洪水溢洪道陡坡段水流流态

图 4-9　对比方案 50 年一遇洪水溢洪道进口水流流态

图 4-10　对比方案 50 年一遇洪水溢洪道陡坡段水流流态

图 4-11　对比方案 1 000 年一遇洪水溢洪道进口水流流态

图 4-12　对比方案 1 000 年一遇洪水溢洪道陡坡段水流流态

表 4-14　溢洪道各特征工况下各断面流速分布　单位:m/s

断面桩号	工况	测点					
		位置	−2	−1	0	1	2
溢 0−123.278	30 年一遇	底	0.69	0.73	0.77	0.78	0.93
		面	0.73	0.86	0.91	0.89	0.89
	50 年一遇	底	0.84	0.87	0.84	0.91	1.11
		面	0.86	0.94	0.96	0.98	1.02
	1 000 年一遇	底	1.32	1.42	1.61	1.65	2.06
		面	1.70	1.62	1.72	1.65	1.87
溢 0−106.87	30 年一遇	底	2.41	2.55	2.45	2.72	3.34
		面	2.27	4.16	5.04	3.15	5.28
	50 年一遇	底	2.47	2.51	2.62	2.64	3.19
		面	2.62	2.32	2.51	2.58	3.05
	1 000 年一遇	底	3.51	3.80	4.11	4.49	5.35
		面	3.19	3.27	3.51	3.89	4.82
溢 0−96.931	30 年一遇	底	2.06	2.15	2.12	2.40	2.69
		面	3.56	2.19	2.03	2.39	4.11
	50 年一遇	底	2.30	2.28	2.61	2.92	2.95
		面	2.13	2.14	2.55	2.44	2.12
	1 000 年一遇	底	2.94	3.05	3.33	3.35	4.18
		面	2.64	2.55	1.09	3.37	4.00
溢 0−085.80	30 年一遇	底	1.00	2.32	2.10	2.71	1.97
		面	1.33	1.78	1.65	2.00	1.85
	50 年一遇	底	1.65	1.96	2.32	2.51	2.12
		面	2.00	2.16	1.59	2.15	1.99
	1 000 年一遇	底	2.73	3.08	1.87	1.07	1.42
		面	2.95	2.70	2.76	2.79	2.95

续表 4-14

断面桩号	工况	测点					
		位置	-2	-1	0	1	2
溢 0-064.77	30 年一遇	底	1.78	2.12	2.23	2.50	2.70
		面	1.66	2.07	2.29	2.46	2.60
	50 年一遇	底	0.69	0.73	0.77	0.78	0.93
		面	0.73	0.86	0.91	0.89	0.89
	1 000 年一遇	底	0.84	0.87	0.84	0.91	1.11
		面	0.86	0.94	0.96	0.98	1.02
溢 0-043.674	30 年一遇	底	2.05	2.30	2.65	2.70	2.34
		面	2.10	2.19	2.36	2.64	2.48
	50 年一遇	底	2.14	2.27	2.78	2.98	2.55
		面	2.39	2.40	2.78	3.14	2.64
	1 000 年一遇	底	2.30	3.19	3.18	3.46	3.36
		面	2.85	2.92	3.74	3.92	2.86
溢 0-015	30 年一遇	底	2.88	2.94	3.02	2.93	2.47
		面	2.62	2.84	2.96	2.96	2.55
	50 年一遇	底	3.08	2.98	3.10	3.07	2.54
		面	3.31	3.01	3.26	2.74	2.56
	1 000 年一遇	底	3.59	3.65	3.78	3.86	2.73
		面	3.67	4.03	4.22	4.05	3.33
溢 0-007.5	30 年一遇	底	3.48	3.52	3.47	3.47	3.02
		面	3.78	3.24	3.36	3.40	2.92
	50 年一遇	底	3.40	3.37	3.25	3.37	2.86
		面	3.48	3.56	3.34	3.27	2.92
	1 000 年一遇	底	4.41	4.41	4.03	4.26	3.91
		面	4.58	4.52	4.59	4.79	3.75

续表 4-14

断面桩号	工况	测点					
		位置	−2	−1	0	1	2
溢 0+010	30 年一遇	底	5. 19	5. 13	5. 23	5. 27	4. 94
		面	4. 53	4. 95	7. 77	7. 35	6. 10
	50 年一遇	底	5. 94	6. 14	6. 16	6. 10	5. 86
		面	4. 74	5. 34	4. 97	4. 90	4. 54
	1 000 年一遇	底	7. 98	8. 29	7. 63	8. 15	7. 24
		面	6. 97	7. 18	5. 69	5. 68	5. 51
溢 0+070	30 年一遇	底	8. 73		15. 09		13. 41
		面	7. 16		5. 78		6. 21
	50 年一遇	底	12. 57		10. 87		14. 81
		面	7. 55		9. 72		8. 80
	1 000 年一遇	底	8. 84		15. 02		12. 76
		面	15. 48		14. 00		15. 26
溢 0+115	30 年一遇	底	12. 72		12. 16		12. 15
		面	10. 52		11. 98		17. 15
	50 年一遇	底	9. 54		17. 00		17. 16
		面	8. 01		17. 45		16. 04
	1 000 年一遇	底	18. 31		15. 59		16. 07
		面	10. 38		16. 01		13. 71
溢 0+156. 4	30 年一遇	底	4. 01		6. 15		5. 22
		面	4. 44		6. 47		4. 36
	50 年一遇	底	1. 80		11. 14		4. 02
		面	3. 02		8. 11		2. 45
	1 000 年一遇	底	6. 39		13. 79		15. 45
		面	4. 10		10. 33		9. 60

4.2.2.3 水位

试验方案二各特征工况下,溢洪道沿程所测的中轴线、右岸及左岸水位数据分别如表 4-15~表 4-17 所示。

表 4-15 溢洪道各特征工况下沿程中轴线水位数据 单位:m

桩号	测点底部高程	30 年一遇		50 年一遇		1 000 年一遇	
		水深	水位	水深	水位	水深	水位
溢 0-085.868	431.73	3.37	435.10	4.17	435.90	6.55	438.28
溢 0-64.771	431.73	3.45	435.18	4.31	436.04	6.59	438.32
溢 0-43.674	431.73	3.31	435.04	4.08	435.81	6.40	438.13
溢 0-015	431.73	3.18	434.91	3.93	435.66	5.90	437.63
溢 0-010	431.73	2.97	434.70	3.83	435.56	5.82	437.55
溢 0-005	431.73	2.92	434.65	3.63	435.36	5.51	437.24
溢 0+000	431.73	2.80	434.53	3.48	435.21	5.30	437.03
溢 0+005	431.73	2.55	434.28	3.20	434.93	4.93	436.66
溢 0+010	431.73	1.45	433.18	2.49	434.22	3.88	435.61
溢 0+055	421.73	0.93	422.66	1.20	422.93	2.95	424.68
溢 0+070	418.40	0.73	419.13	1.51	419.91	4.06	422.46
溢 0+085	415.06	1.41	416.47	2.32	417.38	4.51	419.57
溢 0+100	411.73	1.89	413.62	2.45	414.18	3.89	415.62
溢 0+115	408.40	1.33	409.73	1.84	410.24	2.83	411.23
溢 0+130	405.06	2.76	407.82	2.02	407.08	3.08	408.14
溢 0+141.4	402.53	6.65	409.18	5.02	407.55	4.37	406.9

表 4-16　溢洪道各特征工况下沿程右岸水位数据　　单位:m

桩号	测点底部高程	30 年一遇		50 年一遇		1 000 年一遇	
		水深	水位	水深	水位	水深	水位
溢 0-085.868	431.73	3.12	434.85	3.85	435.58	5.80	437.53
溢 0-64.771	431.73	3.03	434.76	3.77	435.50	5.75	437.48
溢 0-43.674	431.73	3.08	434.81	3.93	435.66	5.85	437.58
溢 0-015	431.73	2.62	434.35	3.90	435.63	5.88	437.61
溢 0-010	431.73	3.00	434.73	3.80	435.53	5.79	437.52
溢 0-005	431.73	2.88	434.61	3.60	435.33	5.55	437.28
溢 0+000	431.73	2.64	434.37	3.33	435.06	5.21	436.94
溢 0+005	431.73	2.50	434.23	2.98	434.71	4.77	436.50
溢 0+010	431.73	2.00	433.73	2.58	434.31	4.01	435.74
溢 0+055	421.73	1.39	423.12	1.55	423.28	3.51	425.24
溢 0+070	418.40	0.84	419.25	1.15	419.55	2.70	421.10
溢 0+085	415.06	0.98	416.04	1.20	416.26	2.33	417.39
溢 0+100	411.73	0.70	412.43	1.20	412.93	2.39	414.12
溢 0+115	408.40	0.82	409.22	1.13	409.53	2.85	411.25
溢 0+130	405.06	3.48	408.54	3.98	409.04	3.83	408.89
溢 0+141.4	402.53	6.25	408.78	5.23	407.76	5.97	408.50

表 4-17　溢洪道各特征工况下沿程左岸水位数据　　单位:m

桩号	测点底部高程	30 年一遇		50 年一遇		1 000 年一遇	
		水深	水位	水深	水位	水深	水位
溢 0-085.868	431.73	3.40	435.13	4.28	436.01	6.71	438.44
溢 0-64.771	431.73	3.62	435.35	4.47	436.20	6.80	438.53
溢 0-43.674	431.73	3.52	435.25	4.45	436.18	6.85	438.58
溢 0-015	431.73	3.14	434.87	3.97	435.70	6.18	437.91
溢 0-010	431.73	3.03	434.76	3.88	435.61	5.93	437.66
溢 0-005	431.73	2.88	434.61	3.64	435.37	5.64	437.37
溢 0+000	431.73	2.74	434.47	3.26	434.99	5.20	436.93
溢 0+005	431.73	2.48	434.21	2.99	434.72	4.73	436.46
溢 0+010	431.73	1.98	433.71	1.04	432.77	3.90	435.63
溢 0+055	421.73	1.51	423.24	1.84	423.57	3.54	425.27
溢 0+070	418.40	0.68	419.08	0.93	419.33	2.93	421.33
溢 0+085	415.06	0.24	415.30	0.68	415.74	1.75	416.81
溢 0+100	411.73	0.46	412.19	0.73	412.47	1.65	413.38
溢 0+115	408.40	0.47	408.87	0.80	409.20	2.38	410.78
溢 0+130	405.06	3.65	408.71	4.00	409.06	4.20	409.26
溢 0+141.4	402.53	5.05	407.58	5.15	407.68	6.15	408.68

4.2.2.4　压力

试验方案二溢洪道沿程压力试验数据见表 4-18。

表 4-18　溢洪道三种特征工况下的压力试验数据

测点	桩号	测点高程/m	30 年一遇 H=435.62 m		50 年一遇 H=436.56 m		1 000 年一遇 H=439.26 m	
			压力线高程/mH_2O	差值/mH_2O	压力线高程/mH_2O	差值/mH_2O	压力线高程/mH_2O	差值/mH_2O
1	溢 0−106.868	431.73	435.67	3.94	436.47	4.74	438.77	7.04
2	溢 0−085.868	431.73	435.97	4.24	436.72	4.99	438.82	7.09
3	溢 0−65.771	431.73	435.72	3.99	436.47	4.74	438.82	7.09
4	溢 0−43.674	431.73	435.77	4.04	436.47	4.74	438.82	7.09
5	溢 0−015	431.73	435.67	3.94	436.47	4.74	438.62	6.89
6	溢 0+000	431.73	435.47	3.74	436.07	4.34	438.02	6.29
7	溢 0+010	431.73	433.47	1.74	433.67	1.94	434.17	2.44
8	溢 0+033.18	426.58	427.82	1.24	428.12	1.54	429.27	2.69
9	溢 0+055.25	421.68	422.17	0.50	422.52	0.85	423.92	2.25
10	溢 0+076.74	416.9	418.52	1.62	419.47	2.57	421.27	4.37
11	溢 0+102.69	411.13	414.07	2.94	414.87	3.74	415.77	4.64
12	溢 0+118.31	407.66	408.47	0.81	408.57	0.91	409.77	2.11
13	溢 0+141.4	402.53	412.97	10.44	414.47	11.94	416.17	13.64
14	溢 0+153.9	402.53	409.32	6.79	409.62	7.09	409.97	7.44
15	溢 0+178.9	402.53	409.37	6.84	410.57	8.04	413.67	12.14

4.2.3　综合对比分析

4.2.3.1　试验对比结果

1. 泄流能力

泄流能力对比结果如表 4-19 所示。

表 4-19　溢洪道泄流能力对比结果

工况	特征水位/m	设计流量/(m^3/s)	流量(试验方案一)/(m^3/s)	流量(试验方案二)/(m^3/s)	两种试验方案流量差值/(m^3/s)
30 年一遇	435.62	492	529	505	24
50 年一遇	436.56	688	769	736	33
1000 年一遇	439.26	1371	1598	1577	21

从表 4-19 可以看出,在施放 30 年一遇洪水时,试验方案一流量为 529 m^3/s,试验方案二流量为 505 m^3/s,差值为 24 m^3/s;在施放 50 年一遇洪水时,试验方案一流量为 769 m^3/s,试验方案二流量为 736 m^3/s,差值为 33 m^3/s;在施放 5 000 年一遇洪水时,试验方案一流量为 1 598 m^3/s,试验方案二流量为 1 577 m^3/s,差值为 21 m^3/s。总的来说,试验方案一流量比试验方案二偏大,但均满足溢洪道的泄流能力要求。

2. 流速

流速结果对比如表 4-20 所示。

表 4-20　溢洪道流速结果对比结果

设计洪水标准	库水位/m	试验方案一流速范围/(m/s)	试验方案二流速范围/(m/s)
30 年一遇	435.62	0.51~16.99	0.69~16.80
50 年一遇	436.56	0.64~17.86	0.84~17.45
1 000 年一遇	439.26	0.78~18.66	1.32~18.31

从表 4-20 可以看出,溢洪道在同等工况下试验方案一结果比试验方案二结果偏大,主要原因一方面是试验方案一的流量较试验方案二大,另一方面是试验方案一糙率比试验方案二糙率小,但整体来说流速偏差不大。

3. 水位

根据水位数据对比分析可以看出同一工况下，试验方案一溢洪道沿程水面线比试验方案二结果偏低。

4. 压力

根据压力数据对比分析可以看出同一工况下，试验方案一溢洪道沿程压力和试验方案二结果基本一致，个别位置稍微降低，总体变化不大。

4.2.3.2　结论

(1) 对于渠道较短的、建筑物比较集中的、平面变化较大的建筑物模型，水头损失主要是局部水头损失，由糙率导致的沿程水头损失占比例小，甚至很小，可以忽略。

(2) 水泥净面的糙率为 0.014，有机玻璃的是 0.009，差距有，但也不大，对水面变化影响有，但不会大。

(3) 试验溢洪道陡坡段为急流段，急流冲击波等因素对水面线的影响占绝对主导地位，这些影响因素远大于该段糙率偏差对沿程水位的影响。

第 5 章　河床基质变尺度相似模拟对冲刷程度评定的影响分析

大坝下游冲刷问题直接关系到坝体的稳定与安全,一般来说,挑流泄水建筑物的下游基岩在水头和流速作用下会形成冲刷,在高水头、大流量的作用下,冲刷坑可能会很深。由于水工建筑物下游基岩冲刷涉及水力学和岩石力学两个方面的诸多因素,目前要精确地预测这种冲刷坑的深度是较为困难的,冲刷坑的精准预测仍然是水利工程至今尚未解决的一个难题。本课题在河南省燕山水库、河口村水库、前坪水库水工模型试验研究中,开展了下游基岩冲刷试验,分析了河床的冲刷机理,对冲刷范围、冲刷坑位置、冲刷深度、下游水面线等进行系统研究,为工程的合理布置提供了翔实的研究数据。

5.1　冲刷模拟方法

水流作用于岩基河床上,岩基解体破坏及冲刷坑的形成和稳定,整个过程是相当复杂的。对该问题的研究,学者们先后对脉动压力在岩缝中的传播规律及基岩解体的机制、基岩解体后岩块的起动机制等方面进行了研究。分析模型试验和部分工程的原型观测可得,挑射水流在岩缝中引起的脉动压力及其传播是造成基岩破坏、形成冲刷坑的两个重要因素。但是对于泄洪建筑物下游河床局部冲刷的模拟方法,目前并无成熟的经验, 至今仍是个难题。

关于岩基冲刷的模拟问题,无论是试验方法或是动床材料的选择,均有不同的见解。为了更为准确地反映岩基的冲刷性能,模型试验中通常采用岩块几何尺寸缩制法和抗冲流速相似法进行简化。一是岩块几何尺寸缩制法:认为岩基由松散的岩块组成,用统计方法确定尺寸后,由岩石节理块尺寸按几何比尺缩制,或按其体积折合为球体当量直径缩制。二是抗冲流速相似法:认为岩基的抗冲能力可用允许流速表述,根据岩石地质情况,确定岩基的抗冲流速。按重力相似定律的流速比尺换算至模型,再由它确定模型砂的材料和级配。

在水工模型试验中,如果要研究泄水建筑物下游河床的冲刷或河床演变,需要将模型做成活动河床,活动河床的制作涉及模型材料的选取。模型动床材料的选取通常有以下三种方法:一是用砂、砾石及碎石等散粒体作为模型动床冲刷材料,这是国内最普遍采用的一种。二是按节理块尺寸缩制。一些研究结果表明,由此所得试验结果与用散粒体者相近。鉴于模型节理块制造和铺设是一项十分繁重的劳动,目前,采用者逐渐减少。三是胶结材料可作为河床与岸坡冲刷试验的动床材料,但其配方还不够成熟,仍处于探索阶段。总之,无论是采用哪种模拟方法,哪种动床材料,由于天然岩基构造十分复杂,千变万化,很难做到完全仿真。加之模型中挑流水舌掺气、扩散机理与原型不完全相似,因此模型冲刷试验中存在着“缩尺效应”是必然的。

长期以来,各国学者对岩基冲刷问题做了大量的研究工作,积累了丰富的资料,但因问题复杂,涉及因素较多,目前这方面仍在继续进行理论探索和试验模拟研究。各家研究的观点也不尽相同,提出了许多经验性或半经验性的公式,国内最常用的抗冲流速相似法的计算公式有伊兹巴什公式、窦国仁教授泥沙起动公式、张瑞瑾教授泥沙起动公式等。

5.2　抗冲刷材料选取

用散粒料模拟岩基的冲刷,其实质上就是以模型散粒体冲料起动流速与原型岩基的起始冲蚀流速相似的条件确定模型冲料的粒径。原型允许流速给定后,根据重力相似定律将 v 值换算成模型流速,这个模型流速就是散粒体的起动流速,用它选取相应的模型冲料粒径。应用较早的是伊兹巴什公式,即

$$v_{\min} = 0.86\sqrt{2g\frac{\gamma_s - \gamma}{\gamma}D} \tag{5-1}$$

$$v_{\max} = 1.2\sqrt{2g\frac{\gamma_s - \gamma}{\gamma}D} \tag{5-2}$$

式中　γ_s、γ——块石、水的容重,kg/m^3;

D——块石球形等容粒径,m;

$v_{\min}$、$v_{\max}$——流速,m/s。

以上 2 个公式是通过抛石取得的。系数 0.86 是石块的抗滑动系数,式(5-1)给出了促使位于平滑垫层上的块石开始滑动的极限流速值。系数 1.2 是石块的抗滚动系数,水流平均流速高于式(5-2)的值时块石就抵抗不了水流的作用开始滚动。如取 $\gamma_s = 2\ 700$ kg/m^3,$\gamma = 1\ 000$ kg/m^3,则式(5-1)和式(5-2)可化简为 $v_{\min} = 5\sqrt{D}$ 和 $v_{\max} = 7\sqrt{D}$,两者的统一形式为:

$$v = K\sqrt{D} \tag{5-3}$$

式中,K=5~7。在以往的模型试验中,岩基的模拟多用式(5-3),K 通常取 5.5~6.0。

南京水利科学研究院窦国仁教授提出的泥沙起动流速的公式为

$$\frac{v^2}{g} = \frac{\gamma_s - \gamma}{\gamma}D(6.25 + 41.6\frac{h}{h_a}) + (111 + 740\frac{h}{h_a})\frac{h_a}{D}\delta \tag{5-4}$$

取 D=1~10 mm,γ_s=2 700 kg/m^3,γ=1 000 kg/m^3,代入式(5-3),计算 v 值,可得 K=10.04~10.75,平均值为 10.39。

武汉水电学院张瑞瑾教授在泥沙起动方式为滚动的条件下,提出了泥沙起动流速的公式为

$$v = \left[\frac{h}{D}\right]^{0.14}\left[17.6\frac{\gamma_s - \gamma}{\gamma}D + 0.000\,000\,605\frac{10 + h}{D^{0.72}}\right]^{0.5} \tag{5-5}$$

取 D=1~10 mm,γ_s=2 700 kg/m^3,γ=1 000 kg/m^3,代入式(5-3),计算 v 值,可得 K=7.8~10.8,平均值为 9.3。

长委水科院提出的起动流速公式为

$$v = (0.4 + 0.85\frac{\Delta}{D})\sqrt{2g\frac{\gamma_s - \gamma}{\gamma}D} \tag{5-6}$$

当抗冲岩基突出高度 Δ=D,γ_s=2 700 kg/m^3,γ=1 000 kg/m^3,化简得

$$v = 7.22\sqrt{D} \tag{5-7}$$

即 K=7.22,并在岩基挑流冲刷的断面模型试验中,对冲刷稳定部位的临界底流速进行了观测,认为如模型砂密度与原型相近,当 $v=v_{底}$时,式(5-3)的 K 值为 5~7,按一般流速分布规律其平均流速 v 时的 K 值应为 8,即

$$v = 8\sqrt{D} \tag{5-8}$$

在潘家口挑流消能试验中,经比较,认为式(5-3)中的 K 值用 5.5~6 偏小,取 8 较为合适。在整体模型中按 K=8 选取模型砂。

比较窦国仁公式、张瑞瑾公式和长委水科院公式可以看出,由于计算散粒料的起动流速方法不一,用式(5-3)形式求得的 K 值一般在 5~10.8 的较大范围内变化,其平均值接近 8。分析其差别,主要在于:一是水中的抛石与底部冲刷的差别;二是均匀流与强紊动水流的差别;三是起动条件及其判断的差别等。当散粒体起动方式为滚动,而水流又为较强紊动的底部冲刷时,则 K 值取 8 较为合适。

5.3　比尺 1:60 水工模型冲刷研究

5.3.1　模型砂选取

燕山水库位于沙颍河主要支流澧河上游甘江河上,坝址在河南省京广铁路以西叶县境内保安乡杨湾村官寨水文站下游约 1.0 km 处。水库控制流域面积 1 169 km^2,总库容 9.66 亿 m^3。工程主要建筑物有拦河坝、溢洪道、泄洪导流洞、输水洞、电站。溢洪道、泄洪导流洞、输水洞及电站均布置在右岸小燕山上。根据河南省水利勘测设计研究有限公司的“河南省干江河燕山水库地质勘测报告”,溢洪道挑流鼻坎下游冲刷坑及以下范围地基地质岩性如下:

桩号 0+110 及下游一定范围内地层岩性为弱-微风化石英砂岩、石英砂岩、薄层状石英砂岩。基岩的节理裂隙、主要特征属于Ⅱ类基岩,抗冲流速为 8~12 m/s。

桩号为 0+110~0+192 存在一砾岩夹层,夹层顶高程为 74~67 m,厚 4 m,抗冲流速约为 4.5 m/s。

桩号为 0+192~0+210 有一推测断层通过,垂直断距大于 40 m,断层及其影响带一般裂隙发育、岩体破碎。此范围属于Ⅳ类基岩,抗冲流速约为 3 m/s。

在推测断层下游端至 0+600,基岩为 x_1 安山岩,属于Ⅱ~Ⅲ类基岩,抗冲流速约为 8 m/s。基岩上部为第四系卵石混合土 Q_3、Q_2,抗冲流速约为 1.5 m/s。

桩号为 0+600~0+800,高程 83 m 以下地层岩性为 y1-1 页岩夹石英砂岩,抗冲流速约为 5 m/s。

本动床采用不同粒径的散粒砾石体模拟不同的地质岩性。模型砂粒径 D_m 根据基岩的抗冲流速 v_P 确定(脚标 P 代表原型,M 代表模型)。

$$v_P = v = K\sqrt{D_P} \quad 或 \quad v_M = v = K\sqrt{D_M} \quad v_M = \frac{v_P}{\sqrt{L_r}}$$

根据 5.2 部分的分析,参照长委水科院公式,取 $K=8$,并由此计算模型砂的粒径。

5.3.2　冲刷试验结果

试验采用 1:60 的正态水工模型,根据基岩的节理裂隙和主要特征,按抗冲流速为 8~11 m/s 选择冲刷坑范围内的模型砂。

5.3.2.1　基岩抗冲流速 v_k = 8 m/s 冲刷试验

溢洪道与泄洪洞联合运行工况下,溢洪道与泄洪洞之间隔墙的顶部高程在 98 m 以下部位(约在桩号 0+200 下游)漫水。冲刷坑范围内水位变化很大,波峰波谷间水位相差 2~9 m,水位差与泄流量成正比。冲刷 46~69 h 后,冲刷坑坑底高程为 72.02~70.34 m,坑深为 12.89~11.21 m,最低点位于桩号 0+160~0+165。

5.3.2.2　基岩抗冲流速 v_k = 11 m/s 冲刷试验

联合泄洪 62~116 h,冲刷坑坑底高程为 74.77~72.82 m,冲深为 8.46~10.41 m,最低点位于桩号 0+155~0+165 断面。冲刷坑下游,断层范围内冲刷深度为 3~4.5 m。冲刷坑的深度、水舌的挑距随着库水位的上升而加大。500 年一遇洪水冲坑范围流态如图 5-1 所示。各级工况下,溢洪道尾水渠右侧桩号为 0+210~0+508 范围坡顶漫水,应加强中隔墙两侧水位变动范围及顶部抗冲刷防护。

图 5-1　5 000 年一遇洪水冲刷坑范围流态

5.3.2.3　冲刷后下游水位分析

表 5-1 中 v_{k1} 代表的是基岩抗冲流速为 8 m/s,v_{k2} 代表的是基岩抗冲流速为 11 m/s。根据表 5-1 中所列数据,对溢洪道各种工况下,定床和两种不同基岩抗冲流速水面线进行对比。由于 0+739.07 断面远离冲刷坑,当基岩抗冲

流速为 8 m/s 时,3 级工况下的水面线分别为 90. 87 m、91. 59 m、95. 90 m,水面线随着流量的加大成规律性增大;当基岩抗冲流速为 11 m/s 时,各级工况下的水面线分别为 91. 22 m、92. 08 m、92. 74 m、94. 61 m,水面线随着流量的加大呈规律性增大。由于 0+211. 56 断面在冲刷坑附近,当基岩抗冲流速为 8 m/s 时,50 年、100 年一遇洪水冲刷坑变化小,水面线稳定,5 000 年一遇洪水时,水面线最低,水面线变化大,如图 5-2 所示;当基岩抗冲流速为 11 m/s 时,各级工况下的水面线分别为 92. 21 m、93. 17 m、93. 30 m、94. 83 m,水面线变化稳定,表明水流对该处河床的扰动较小。

图 5-2　5 000 年一遇洪水尾水渠流态,水位变化大

表 5-1　溢洪道各级工况下不同床面性质水面线　　单位:m

断面桩号	50 年一遇洪水			100 年一遇洪水		500 年一遇洪水		5 000 年一遇洪水		
	定床	v_{k1}	v_{k2}	v_{k1}	v_{k2}	定床	v_{k2}	定床	v_{k1}	v_{k2}
0+211. 56		91. 76	92. 21	93. 31	93. 17	86. 15	93. 30	86. 69	87. 40	94. 83
0+608. 55	90. 24		93. 77		94. 49	94. 02	95. 48	93. 64		96. 50
0+739. 07		90. 87	91. 22	91. 59	92. 08	91. 58	92. 74	94. 01	95. 90	94. 61

由表 5-2 可知，同一洪水、同一岩基抗冲流速下，溢洪道沿程水面线波动明显，桩号 0+155.00、0+211.56、0+283.8、0+337.70 处均有低点出现，高点情况类似，不同的工况下差异性较大。不同岩基抗冲流速下，冲刷坑附近的水面线变化较为明显，如 100 年一遇洪水，0+155.00 断面水面线最大相差 6.53 m；5 000 年一遇洪水，0+211.56 断面水面线相差 7.43 m。随着冲刷的不同演进，定床、不同基岩抗冲流速下的动床水面线变化较大，因此冲刷坑下游所测水面线作为参考的意义较大，对于边墙的高度评估还需要综合分析。

表 5-2　溢洪道各级工况下不同床面性质水面线　单位：m

断面桩号	50 年一遇洪水		100 年一遇洪水		5 000 年一遇洪水	
	v_k = 8 m/s	v_k = 11 m/s	v_k = 8 m/s	v_k = 11 m/s	v_k = 8 m/s	v_k = 11 m/s
0+155.00	89.55	89.97	88.85	95.38	96.08	94.05
0+211.56	91.76	92.21	93.31	93.17	87.40	94.83
0+233.60	90.45	90.45	91.06	91.45	93.30	92.66
0+283.80	92.48	92.70	93.10	89.98	94.91	96.11
0+337.70	90.22	90.27	90.84	91.19	93.22	91.71
0+739.07	90.87	91.22	91.59	92.08	95.90	94.61

5.4　比尺 1:80 水工模型冲刷研究

河口村水库位于济源市黄河一级支流沁河最后一段峡谷出口处，距五龙口水文站约 9 km，是黄河下游防洪工程体系的重要组成部分及控制沁河洪水的关键性工程。水库控制流域面积 9 223 km^2，占沁河流域面积的 68.2%，占黄河三花间流域面积的 22.2%。水库开发任务以防洪为主，兼顾供水、灌溉、发电、改善生态，并为黄河干流调水调沙创造条件。河口村水库工程规模为大(2)型，面板堆石坝最大坝高 156.5 m，总库容 3.47 亿 m^3，装机容量 20 MW，工程设有大坝、溢洪道、泄洪洞、引水、发电等建筑物。

泄洪洞设高位和低位两条：其中一条泄洪洞进口底板高程为 210 m，洞身长 582.0 m；另一条泄洪洞进口底板高程为 190 m，洞身长 552.0 m。洞身断面均为 9.0 m×13.5 m 的城门洞形。

溢洪道为 3 孔净宽 12.0 m 的开敞式溢洪道，布置在龟头山南鞍部地带。

进口引渠底板高程 259.7 m,采用 WES 型实用堰,堰顶高 266.2 m,溢洪道总长度 232.0 m。

为验证工程枢纽布置的合理性及泄洪消能方案的可行性,通过建立 1∶80 工程整体模型研究采取何种措施能提高消能率、使河道的冲刷最小,并针对试验过程中出现的问题提出了改进意见及措施,提出优化方案以确保建筑物的安全。本项目的开展正是为河口村水库枢纽布置的设计提供技术支持和依据。

5.4.1　模型砂选取

根据地质资料可知,溢洪道挑流冲刷坑附近,高程 130 m 以下,1#泄洪洞、2#泄洪洞挑流冲刷坑附近,高程 140 m 以下,基岩岩性均为花岗片麻岩,抗冲流速按 15 m/s 计算。本动床模型试验采用不同粒径的散粒砾石体模拟不同的地质岩性。模型砂粒径 D_M 根据基岩的抗冲流速 v_p 确定。(P 表示原型,M 表示模型)

$$v_P = v = K\sqrt{D_P} \quad 或 \quad v_M = v = K\sqrt{D_M} \quad v_M = \frac{v_P}{\sqrt{L_r}}$$

根据基岩性质,经与设计单位讨论,由式(5-3)可知,选取 $K=5\sim7$,经计算采用 5.7~11.25 cm 的散粒砾石体模拟基岩。

基岩以上河床砂砾石按筛分配比试验确定的模型砂模拟。动床模型试验主要以保证河床冲淤变形相似,这种相似要求原型与模型同为泥沙运动连续方程所描述,为此必须使泥沙满足起动相似条件。

原型某一水深时,当水流到达某一流速,床面泥沙颗粒开始起动,而模型相应水深和流速时模型砂颗粒也应当起动,由此可得

$$\lambda_v = \lambda_{v_c}$$

由于原型河床砂卵石粒径较大,可以用容重 γ_s 相同的天然砂作为模型砂,即有

$$\lambda_{\gamma_s} = 1$$

在重力相似的前提下,满足 $\lambda_v=\lambda_{v_c}$ 则要求模型砂粒径比为

$$\lambda_d = \frac{\lambda_l}{\lambda_{(\frac{\gamma_s-\gamma}{\gamma})}^{\frac{5}{3}}} = \lambda_l = 80$$

此即为制备模型砂的依据。

同时,由于 $\lambda_d=\lambda_l$,动床河道粗糙率相似问题也自动得到满足:

$$\lambda_n = \lambda_d^{\frac{1}{6}} = \lambda_l^{\frac{1}{6}} = 2.076$$

至于冲淤时间比尺，由于模型砂采用了天然砂，使 $\lambda_d = \lambda_l$，使得冲淤时间比尺与水流时间比尺一致，即

$$\lambda_{t_1} = \frac{\lambda_l}{\lambda_d}\lambda_t = \lambda_t = 8.94$$

因此，采用岩块几何尺寸缩制法来模拟覆盖层，动床范围内覆盖层原型砂颗粒级配曲线及模型砂颗粒级配曲线见图 5-3、图 5-4。

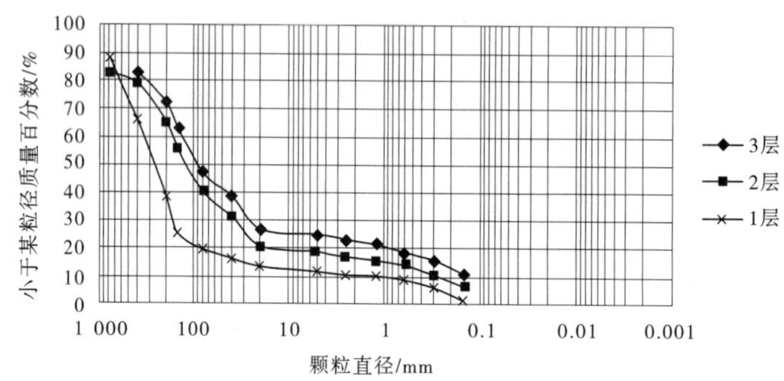

图 5-3 覆盖层原型砂颗粒级配曲线

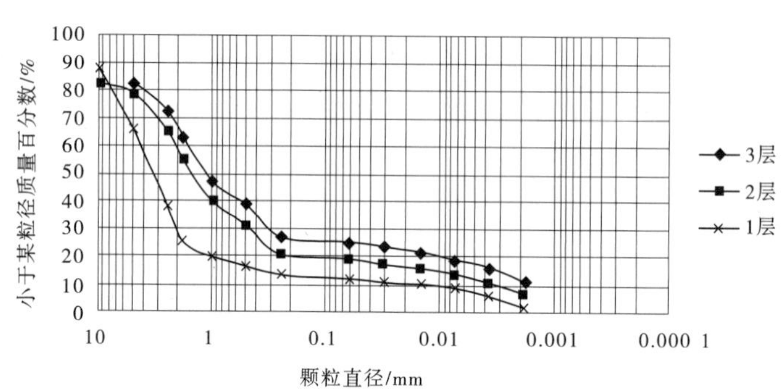

图 5-4 覆盖层模型砂颗粒级配曲线

从覆盖层模型砂颗粒级配曲线来看，颗粒级配与原型砂级配曲线基本一致，模型砂的选取合理。

5.4.2 冲刷试验结果

5.4.2.1 溢洪道初设布置方案冲刷结果

初设布置方案中，溢洪道为 3 孔，单孔净宽 12.0 m 的开敞式溢洪道，进口

引渠底板高程 259. 70 m,采用 WES 型实用堰,堰顶高 266. 20 m,堰顶宽 36. 0 m。闸室进口段闸墩墩头呈半圆形,闸室出口段闸墩尾部采用流线型,泄槽段底坡 $i=0.445$,鼻坎高程 195. 70 m。试验发现,溢洪道下泄水流对对岸山体冲刷严重,冲刷坑形状细长,冲刷坑后坡不稳定,见图 5-5,极限冲刷冲刷坑为 42. 0 m,为此修改了试验方案。

图 5-5　初设布置方案校核洪水位冲刷坑形状

5. 4. 2. 2　溢洪道修改布置方案冲刷结果

初设布置方案中,溢洪道下泄水流对对岸山体冲刷严重,为此修改了试验方案,修改试验:溢洪道为 4 孔,单孔净宽 11. 0 m 的开敞式溢洪道,轴线走向不变,但整体向左岸横向移动了 1. 60 m。进口引渠底板高程 259. 70 m,采用 WES 型实用堰,堰顶高 267. 50 m,堰顶宽 44 m。闸室进口段闸墩墩头呈半圆形,闸室出口段闸墩尾部采用流线型,泄槽段底坡 $i=0.445$。挑坎段采用左右不对称挑坎,鼻坎中心轴线高程 212. 03 m。溢洪道挑坎段弯弧半径 $R=40$ m,左侧圆心角 $\alpha_{左}=15°$,右侧圆心角 $\alpha_{右}=30°$。

当施放正常蓄水位,水库水位为 275 m 洪水时。溢洪道 1、4 孔开启时,库区洪水经 1、4 闸室下泄,在陡槽桩号为 0+073. 50 断面交汇,中间形成一菱形波,主流在陡槽两侧,至挑流鼻坎处,主流趋于右侧,陡槽两侧水流分布呈右高左低,且右侧挑流较左侧远,右侧挑流勉强跌入河道,左侧挑流跌落在鼻坎下岸坡,水流顺岸坡流入河道,对岸坡将造成冲刷。详见图 5-6。

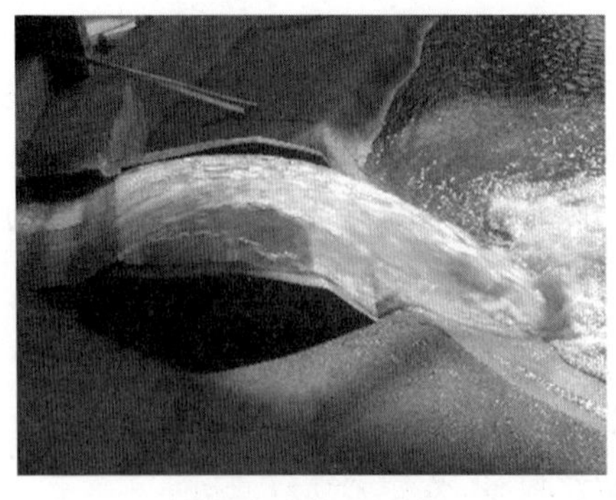
(a)

(b)

图 5-6 修改布置方案 H=275 m 溢洪道 1、4 孔开启时溢洪道侧面及正面流态

溢洪道 2、3 孔开启时，闸室进水比较平顺，水流经过闸室，在 2、3 孔墩尾形成菱形波，两股水流相对集中，挑流鼻坎处，主流集中，中间挑距较两侧挑距远，且分成三股水流，中间最长，右侧次之，左侧最短，除中间主流基本跌落至河道岸边外，左右两侧水流跌落至岸坡流入河道，对岸坡将造成冲刷。详见图 5-7。

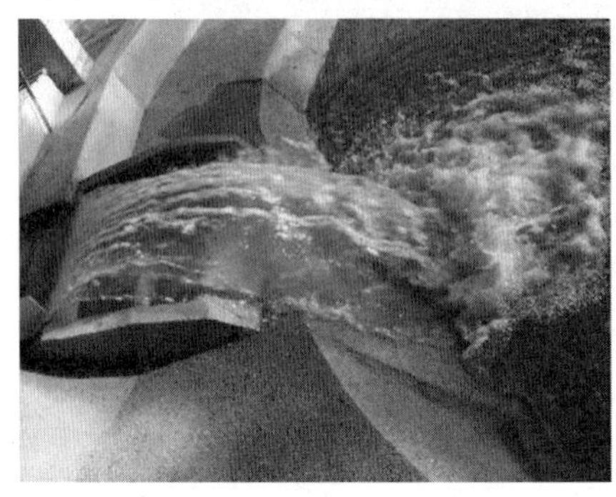
(a)

(b)

图 5-7 修改布置方案 H=275 m 溢洪道 2、3 孔开启时溢洪道侧面及正面流态

溢洪道全部开启时，进口右侧导墙产生一连串小的顺时针漩涡，漩涡延伸到 3 孔闸室前，2、3 孔闸墩墩尾部形成三股菱形波，至陡坡中间逐步消失。挑流鼻坎水流呈右高左低，右远左近。左右两侧挑流基本跌落至河道岸边，部分水流跌落在岸坡上。中间挑射水流紧贴岸坡挑入河道。挑射水流在岸坡产生白色浪花，并以扇形波浪向外扩散。详见图 5-8。

(a)

(b)

图 5-8　修改布置方案 H=275 m 溢洪道全开时溢洪道流态

试验发现,极限冲深为 39.40 m,比原布置方案减小 2.6 m,但是不论溢洪道局部开启还是全部开启,水流过溢洪道挑流鼻坎后,有部分水流先跌落到下游岸坡,然后顺岸坡流入河道,将会对岸坡造成冲刷破坏,因此进行优化修改。

5.4.2.3　溢洪道优化布置方案冲刷结果

优化布置方案,溢洪道布置为 3 孔净宽 15 m 的开敞式溢洪道,溢洪道的轴线走向不变,布置在龟头山南鞍部地带。进口引渠底板高程 259.70 m,右岸翼墙为直导墙与半径 R 为 10 m,圆心角 α=113.5°的圆弧相切,左岸扭墙体形不变。堰型采用克-奥Ⅰ型实用堰,堰顶高 267.50 m,闸室进口段闸墩墩头呈半圆形,闸室出口段闸墩尾部采用半圆形,泄槽段底坡 i=0.445。鼻坎采用不对称挑坎,溢洪道反弧半径 R = 40 m,左侧圆心角 $\alpha_{左}$ = 15°,右侧圆心角$\alpha_{右}$ = 30°。

试验发现,各工况下溢洪道进口水流平顺,水流经陡槽和反弧段经空中扩散跌入下游主河槽,流态在三种工况里面最好。冲刷坑形状由原来的细长改变为偏圆,冲刷坑后坡稳定,见图 5-9,优化布置方案极限冲深为 37.2 m,比原布置方案减小 4.8 m。

通过对河口村水库溢洪道的优化布置,各级工况下,溢洪道挑射水流偏向下游,水舌扩散良好,挑距减小,冲刷坑深度减小,冲刷坑形状由原来的细长形变为扁圆形,在保证冲刷坑后坡稳定的基础上,减轻了挑流对右岸岸坡的冲刷,但右岸仍是工程防护的重点。

图 5-9　优化布置方案校核洪水位冲刷坑形状

5.5　比尺 1∶90 水工模型冲刷研究

前坪水库位于淮河流域沙颍河支流北汝河上游,河南省洛阳市汝阳县城以西 9 km 的前坪村附近,水库控制流域面积 1 325 km^2。前坪水库是国家 172 项重大水利工程建设项目之一,水库工程总库容 5.90 亿 m^3(防洪库容 2.10 亿 m^3,兴利库容 2.61 亿 m^3),为Ⅱ等大(2)型工程。枢纽工程由主坝、副坝、溢洪道、泄洪洞、输水洞、电站厂房、退水闸、灌溉闸及消能防冲建筑物等组成。

左岸布置溢洪道,轴线总长 415 m,其中引水渠长 252 m,闸室段长 40 m,泄槽段长度 123 m。闸室为开敞式实用堰结构形式,采用 WES 曲线型实用堰,堰顶高程 403.00 m,共 5 孔,每孔净宽 15.00 m,闸室宽 87 m、长 40 m,下接泄槽段和消能段,消能方式采用挑流消能。溢洪道每孔设 1 扇弧形工作闸门,每扇闸门由 1 台弧门液压启闭机操作。

泄洪洞布置在溢洪道左侧,轴线总长 671 m,进口洞底高程为 360.00 m,控制段采用闸室有压短管形式,闸孔尺寸为 6.5 m×7.5 m(宽×高),洞身采用无压城门洞形隧洞,断面尺寸为 7.5 m×8.4 m+2.1m(宽×直墙高+拱高),洞身段长度为 506 m,出口消能方式采用挑流消能。金属结构设检修闸门和工作闸门:检修平板钢闸门,闸门尺寸 6.5 m×8.7 m(宽×高),采用固定式卷扬启闭机启闭;检修门后设弧形工作钢闸门,工作闸门孔口尺寸为 6.5 m×7.5 m

(宽×高),采用液压启闭机启闭。

5.5.1　覆盖层及岩基模型砂选取

本试验为下游局部动床试验,采用不同粒径的散粒砾石体模拟不同的地质岩性。为了在模型中反映河床岩石的局部冲刷情况,需要对河床岩石冲刷进行模拟,因此在溢洪道和泄洪洞下游局部范围内模拟成动床。

通过构建溢洪道 1:50 断面模型和泄洪洞 1:40 单体模型,确定溢洪道、泄洪洞最终体形。最终体形确定后,返回整体模型,开展终结方案研究,分析消能防冲设施的合理性,为工程防护提供技术依据。前坪水库整体水工模型试验的比尺为 1:90。模型布置图详见图 5-10。

图 5-10　前坪水库整体水工模型布置图

目前,模拟岩石冲刷的主要方法有岩块几何尺寸缩制法和抗冲流速相似法。通过对现场取样并做筛分试验得到覆盖层详细的颗粒级配曲线,因此可以通过岩块几何尺寸缩制法来模拟覆盖层;基岩模拟根据岩石抗冲流速,按重力相似准则的流速比尺换算至模型,再由它确定基岩冲刷的动床材料。因此,前坪水库整体模型试验采用岩块几何尺寸缩制法与抗冲流速相似法相结合的综合模拟方法进行模拟。

动床范围内覆盖层颗粒级配曲线及模型选配的模型砂颗粒级配曲线见图 5-11。基岩采用不同粒径的散粒砾石体模拟不同的地质岩性。模型砂粒

径 D_M 根据基岩的抗冲流速 v_P 确定。(P 表示原型,M 表示模型)

$$v_P = v = K\sqrt{D_P} \quad 或 \quad v_M = v = K\sqrt{D_M} \quad v_M = \frac{v_P}{\sqrt{L_r}}$$

根据设计提供的前坪水库地质资料,可以认定溢洪道轴线下游基岩岩性为辉绿岩,通过计算下游断面水深,由《水力学计算手册》查得,原型抗冲流速为 22 m/s,相应的模型流速为 2.32 m/s,模型粒径采用公式计算基岩可采用 11.0~21.5 cm 的散粒砾石体来模拟。

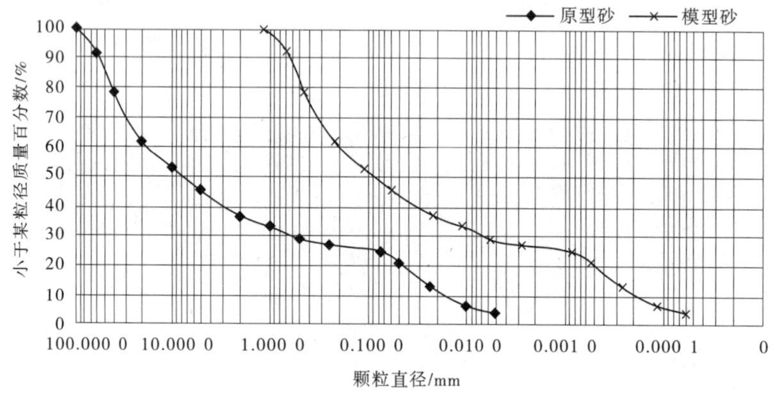

图 5-11 原型、模型河道覆盖层颗粒级配曲线对比图

5.5.2 冲刷试验结果

本冲刷试验是在溢洪道和泄洪洞单体试验体形返回到整体试验的基础上进行的联合冲刷试验,模型冲刷历时 4 h(相当于原型冲刷时间 38 h)。

5.5.2.1 50 年一遇洪水冲刷结果

在施放 50 年一遇洪水时,挑射下泄水流由于对面山体的阻挡,大部分水流遇山体阻挡后沿河道向右直接横向流入下游主河道,一小部分水流遇山体阻挡后流向左侧泄洪洞进口下游,产生逆时针漩涡,水流漩滚剧烈,下泄水流在流入主河道前,右侧部分水流受右岸凸出山体的阻挡,产生顺时针漩涡,下游水流流态见图 5-12。溢洪道冲刷坑最低点高程为 322.75 m,冲刷坑深度为 25.85 m;泄洪洞冲刷坑最深点高程为 329.50 m,冲刷坑深度为 19 m。试验观察可得,冲刷后冲刷坑的形状呈现出圆形,冲刷坑后坡稳定,冲刷坑形状详见图 5-13,冲刷范围示意图详见图 5-14。

5.5.2.2 500 年一遇洪水冲刷结果

挑射下泄水流由于对面山体的阻挡,大部分水流遇山体阻挡后沿河道向

图 5-12　50 年一遇洪水时下游水流流态

图 5-13　50 年一遇洪水时下游冲刷坑

右直接横向流入下游主河道，一小部分水流遇山体阻挡后流向左侧泄洪洞进口下游，产生逆时针漩涡，水流漩滚剧烈，下泄水流在流入主河道前，右侧部分水流受右岸凸出山体的阻挡，产生顺时针漩涡。下游水流流态见图 5-15。溢洪道冲刷坑最低点高程为 322. 70 m，冲刷坑深度为 25. 80 m；泄洪洞冲刷坑最深点高程为 329. 18 m，冲刷坑深度为 19. 32 m。试验观察可得，冲刷后冲刷坑的形状呈现出圆形，冲刷坑后坡稳定，下游冲刷坑详见图 5-16，冲刷范围示意图见图 5-17。

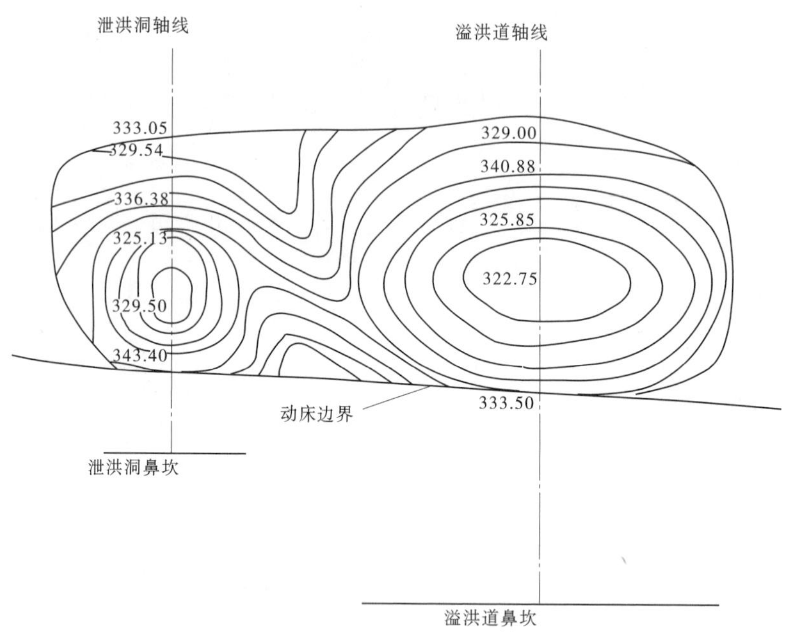

图 5-14　50 年一遇洪水时下游冲刷坑示意图

图 5-15　500 年一遇（设计）洪水时下游水流流态

图 5-16　500 年一遇(设计)洪水时下游冲刷坑

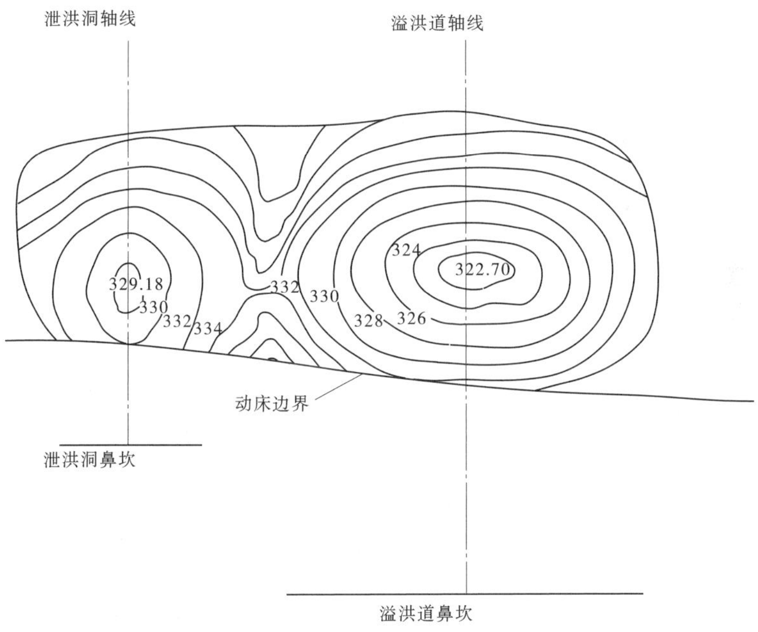

图 5-17　500 年一遇洪水时下游冲刷坑示意图

5.5.2.3 5 000 年一遇洪水冲刷结果

在施放 5 000 年一遇(校核)洪水时,挑射下泄水流由于对面山体的阻挡,大部分水流遇山体阻挡后沿河道向右直接横向流入下游主河道,一小部分水流遇山体阻挡后流向左侧泄洪洞进口下游,产生逆时针漩涡,水流漩滚剧烈,下泄水流在流入主河道前,右侧部分水流受右岸凸出山体的阻挡,产生顺时针漩涡。下游水流流态见图 5-18。溢洪道冲刷坑最低点高程为 316. 36 m,冲刷坑深度为 32. 14 m;泄洪洞冲刷坑最深点高程为 327. 34 m,冲刷坑深度为 21. 16 m。试验观察可得,冲刷后冲刷坑的形状呈现出圆形,冲刷坑后坡稳定。下游冲刷坑详见图 5-19,冲刷范围示意图见图 5-20。

图 5-18 5 000 年一遇(校核)洪水时下游水流流态

图 5-19 5 000 年一遇(校核)洪水时下游冲刷坑

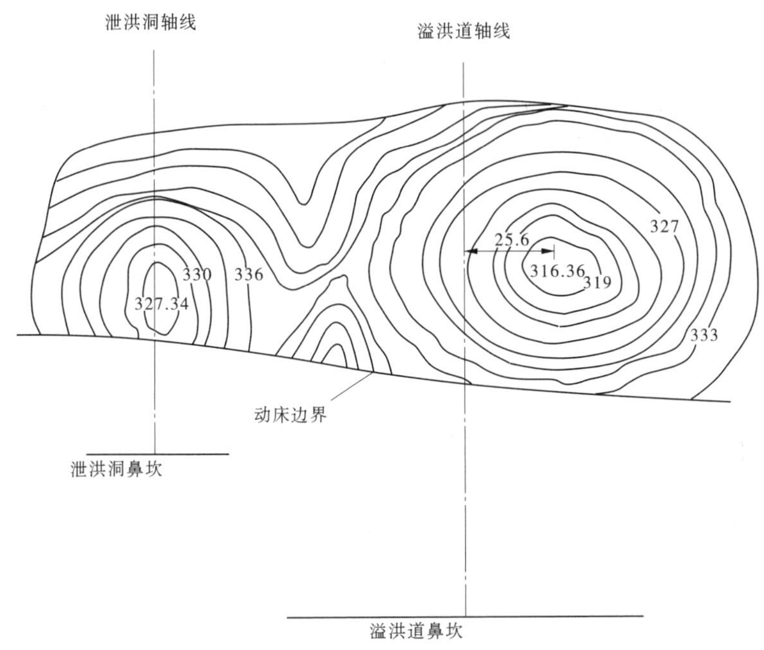

图 5-20　5 000 年一遇洪水时下游冲刷坑示意图

5.6　综合对比分析

天然岩基由于地质构造运动,存在着程度不同的断层破碎带、节理裂隙及软弱夹层等薄弱部位。大量原型观测表明,挑流冲刷破坏总是从那些最薄弱的部位开始的,并由此扩展。因而冲刷坑最深点也多发生在受冲范围内的最薄弱的部位。其中,尤以节理的产状对冲刷破坏关系最大。在高速挑流水舌作用下,加速了节理裂隙的张开、串通、交汇,将天然岩基解体为节理岩块。随之水流渗入节理块之间的缝隙,由于水流在节理周围的作用力不平衡,从而使节理块脱离岩座。被拔出的岩块在冲刷坑内受漩滚水流作用,循环回旋,互相碰撞,逐渐剥蚀、破碎后的岩块被送出坑外。如此复杂的过程,周而复始,直到冲刷坑达到平衡为止。泄水建筑物采用挑流消能,必须要进行岩基冲刷的估算。目前,现有的计算方法只适用于二维问题,而实际工程中是属于三维水流问题。加之岩基冲刷十分复杂,有关规范明文规定,对于重大工程,对此均需通过水工模型试验研究来论证。

大量的对比资料证明,模型试验所测冲刷坑的范围、形状、大小、深度等与工程实际的冲刷情况是吻合的。但由于河床岩基强度、节理裂隙分布、切割深度、岩石产状、胶结状态等因素极其复杂,无法在实验室真实缩制。再者,动水的作用力在裂隙中的传递和岩块的解体过程也无法用试验手段真实模拟。所以,动床模型试验是在做了简化和假设的情况下进行的。因此,无论是在理论上还是在实际应用中都存在着许多不足。通过近年来,我们做的多个动床模型试验研究分析,得出如下结论:

(1)覆盖层模拟采用岩块几何尺寸缩制法较为简便,通过岩块几何尺寸缩制,对比原型砂和模型砂颗粒级配曲线,可以得到较好的效果。在选择模型材料时,模型砂的容重最好和原型砂的容重一致,尽量减小缩尺效应带来的不利。

(2)使用抗冲流速相似法模拟岩基时,岩石和人工护面渠槽不冲流速 v' 选取时受下游水深影响较大,可通过动床试验或者计算得到冲刷坑附近的水深,然后再通过不冲流速 v' 确定模型中散粒体的粒径,尽量减少试验带来的不利影响。

(3)实际工程中,当河床岩基被动水解体形成岩块后,其抗冲能力大大低于岩基自身,很容易被水流带往冲刷坑下游远处。而动床模型试验一般是按河床岩基的抗冲能力来选择散粒体,散粒体的粒径大小反映了岩基的强度、裂隙稀疏、胶结程度等,试验时散粒体并不会被解体,因而其抗冲流速未变,不会被水流带到很远的地方,通常在冲刷坑附近。

(4)水工模型试验一般是按重力相似定律进行模型制作和测试的。在动床模型试验中,模型、流量等是按比例进行缩制的,但糙率却无法按相应的比例进行缩制。因为动床试验主要是研究河床冲刷,大都用石子来作为冲刷段模型的材料,致使模型的糙率偏大。流量不变的情况下糙率偏大,使得流速偏小,导致水面线偏高,与实际的有一定的偏差。

(5)由于地质条件的严格模拟非常困难、原型的非恒定流泄洪过程难以完全模拟、模拟受掺气的影响很大,因此利用水力学模型试验准确预测原型的冲刷还有一定的困难,须与原型观测、三维水汽两相流数学模型研究结合起来,建立掺气与冲刷之间的关系,仍需继续进行理论探索和试验模拟研究。

(6)虽然水工建筑物的设计过程中,已经考虑到下游冲刷的问题,但在实际运行过程中,冲刷现象仍是一个不可避免的问题。因此,当水工建筑物下游发生冲刷破坏后,应及时组织调查,分析破坏原因,做好维修处理,确保建筑物安全。

第 6 章　WES 型复合堰的划分及过流特性研究

堰是水利工程中常见的引水及泄水建筑物，广泛应用于水闸、溢洪道、涵管及涵洞进口等工程中。常见的基本堰型有薄壁堰、实用堰和宽顶堰三种。随着全国中小型水库除险加固工作的进行，实际工程中出现了一些更有利于实际应用的新堰型，WES 型复合堰就是其中的一种。WES 型复合堰是由 WES 堰在顺水流方向上拓宽堰顶形成的，其水力特性受堰顶增加厚度的大小影响与标准 WES 堰和宽顶堰都有差别。工程上对一些水库进行除险加固时，在条件满足的情况下将 WES 堰改造成 WES 型复合堰，既方便施工又节约成本。

如鸭河口水库是河南境内一座大(1)型水利枢纽工程，水库的死水位为 160.00 m；汛限水位为 175.70 m；兴利水位为 177.00 m；100 年一遇水位为 179.10 m；1 000 年一遇水位为 179.84 m；10 000 年一遇水位为 181.50 m，总库容为 13.39 亿 m^3。鸭河口水库 1 号溢洪道原为克-奥曲线型，修建于 1959 年，共 4 孔，单孔净宽 12 m。

2010 年对其 1#溢洪道进行除险加固，为节约投资，将已有的克-奥堰作为施工围堰，并将老堰的堰顶以上部分拆除，在紧邻老堰的下游侧修建与老堰高程一致的 WES 新堰，两堰之间填平至与堰顶同高形成一种新的复合堰。此种复合堰实质上是由 WES 堰在顺水流方向拓宽堰顶衍变而来的一种 WES 型复合堰(见图 6-1)，它兼具实用堰与宽顶堰的外形特征。1#溢洪道闸室控制段纵剖面图见图 6-2。

通过鸭河口水库除险加固工程 1#、2#溢洪道水工模型试验发现，方案一 1#溢洪道单独运行 100 年一遇工况下，溢洪道的设计泄流量为 2 740 m^3/s，实际泄流量为 2 392 m^3/s，比设计泄流量小 348 m^3/s，少泄 12.70%；1 000 年一遇工况下，溢洪道的设计泄流量为 2 930 m^3/s，实际泄流量为 2 663 m^3/s，比设计泄流量小 267 m^3/s，少泄 9.11%；10 000 年一遇工况下，溢洪道的设计泄流量为 3 609 m^3/s，实际泄流量为 3 015 m^3/s，比设计泄流量小 594 m^3/s，少泄 16.46%。泄流能力不满足设计要求，分析其原因如下：

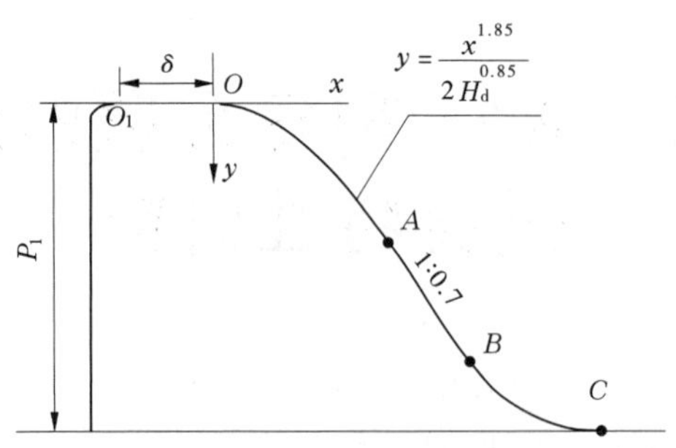

图 6-1　WES 型复合堰剖面图

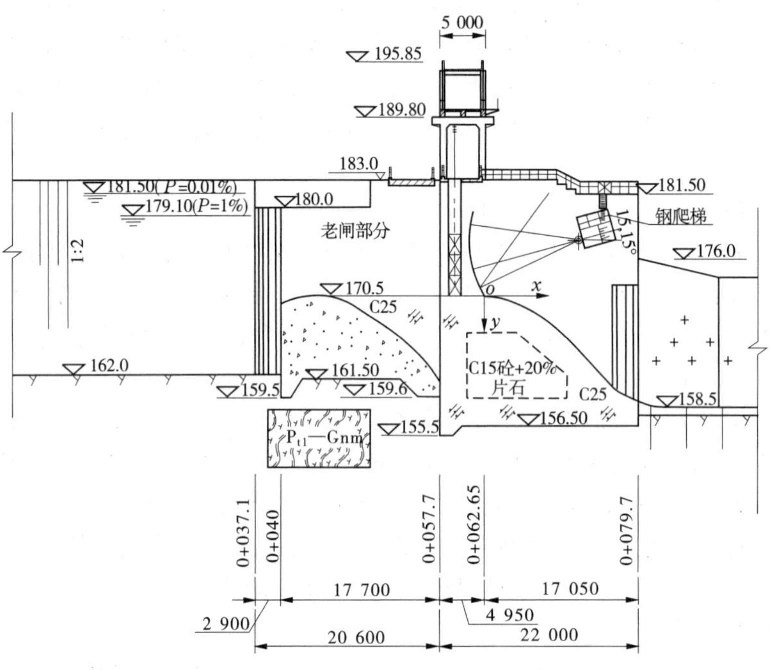

图 6-2　鸭河口水库 1#溢洪道闸室控制段剖面图

由图 6-2 可知，堰顶高程为 170.5 m，上游引水渠底板高程为 162.0 m，得到上游堰高 P_1 为 8.5 m。下游引水渠底板高程为 158.5 m，得到下游堰高 P_2 为 12 m。堰顶厚度 δ 为 22.65 m。由于除险加固工程是紧邻老闸在其下游新建一 WES 堰，堰面也是与水流自由下落相符合的 WES 曲线，且 $0.67<\delta/H<2.5$，因此以往在计算泄流能力时是按照实用堰进行的，其计算结果发现与实际情况不符。这是因为新堰与老堰堰顶高程一致，两者相连组成新的堰顶，相

当于 WES 型堰的堰顶增加一平段，形成的即是本书研究的 WES 型复合堰，此新型堰不是标准堰型，因此以往的图表及计算公式不能满足应用的需求。

由于 WES 型复合堰不是标准堰型，如再用以往的图表或经验公式来获取流量系数就会有较大的误差，不能满足应用需要。因此，对 WES 型复合堰进行系列研究，试验研究它们流量系数的变化规律、过流流态的演变规律，总结经验，以便推广应用。

6.1 试验设计及模型制作

试验所用玻璃水槽总长度为 24 m，宽度为 0.8 m，侧面采用钢化玻璃，高为 0.8 m，可以很好地观察从水底到水面各部位的水流流态，底板为水泥砂浆抹面的混凝土垫层。整体模型从上游到下游主要包括上游矩形量水堰（薄壁堰）、两道稳水栅、WES 型复合堰模型、尾门等。模型的整体布置示意图如图 6-3 所示。

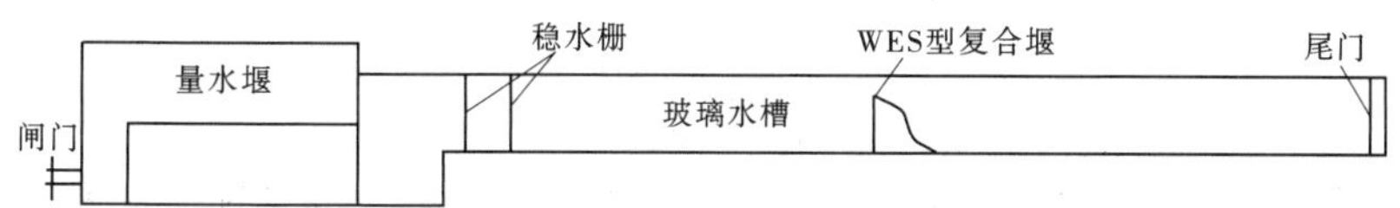

图 6-3 模型的整体布置示意图

6.1.1 模型设计

本试验所研究的 WES 型复合堰是由上游面铅直的 WES Ⅰ 型堰的堰顶在顺水流方向增加一堰顶平段形成的。WES 型复合堰模型全部采用有机玻璃制作而成，下游面根据 WES 曲线弯制并用细砂纸打磨光滑，使得糙率 n 在 0.007~0.008，能满足试验要求。WES 型复合堰模型布置在玻璃水槽中，宽度与玻璃水槽相同为 0.8 m，堰顶距玻璃水槽水泥底板为 30 cm，下游堰面为 WES 曲线型，固定在玻璃水槽中，下游堰高 P_2 保持 0.3 m 不变。上游部分为铅直面且顶部按照 WES 堰的进口制作成三段圆弧，弧顶最高处与下游同高，其位置在水平方向可向上游或下游移动。上游部分和下游部分之间，在堰顶通过增加一定宽度的有机玻璃平板形成 WES 型复合堰的外轮廓。利用经纬仪定线，水准仪操平，控制误差不大于 0.3 mm。由 WES 堰形成的 WES 型复合堰纵剖面如图 6-4 所示。

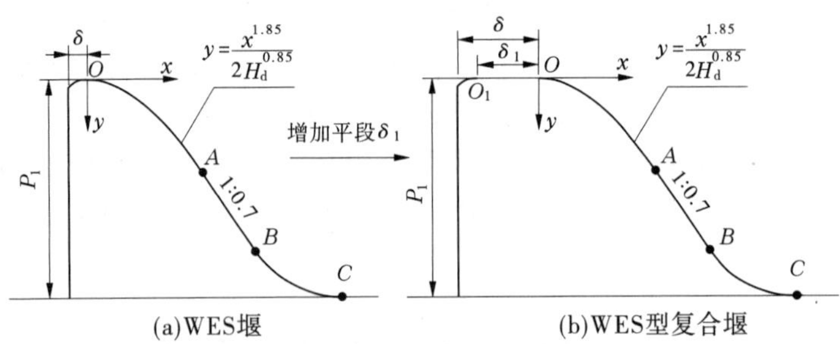

图 6-4 WES 型复合堰纵剖面图

本试验 WES 型复合堰模型的设计水头 H_d 取 10 cm。如图 6-4 所示,WES 型复合堰上游进水口为 WES 堰的三段圆弧,第一段圆弧由堰顶平段的上游端 O_1 为切点,以半径 5 cm 作弧,至距 O_1 点水平距离 1.75 cm 处;接着以半径 2 cm 作弧,至距 O_1 点水平距离 2.76 cm 处;然后以半径 0.4 cm 作弧到上游铅直堰壁顶端,上游铅直堰壁顶端距 O_1 点水平距离为 2.82 cm。下游堰面为 WES 剖面,其中 OA 曲线方程为

$$y=\frac{x^{1.85}}{2H_d^{0.85}} \tag{6-1}$$

以 O 点为原点建立如图 6-4 所示的坐标系,OA 曲线的坐标值见表 6-1。

表 6-1 OA 曲线的坐标值 单位:cm

x	1	2	3	4	5	6	7	8	9
y	0.07	0.25	0.54	0.92	1.39	1.94	2.58	3.31	4.11
x	10	11	12	13	14	15	16	16.54	
y	5.00	5.96	7.01	8.12	9.32	10.59	11.93	12.69	

WES 型复合堰的堰顶平段 δ_1 是可以改变的,通过替换不同宽度的有机玻璃板来实现,这样再加上进口段的水平距离就构成了可以改变的堰顶厚度 δ。其堰顶平段厚度设计值 δ_1 如表 6-2 所示。

表 6-2 堰顶平段厚度设计值 δ_1 单位:cm

δ_1	3	5	6.7	7.5	10	11
δ_1	12	14	15	20	25	30

堰顶厚度 δ 指由下游堰面 WES 曲线顶点到上游铅直堰壁的水平距离，其设计值如表 6-3 所示。

表 6-3　堰顶厚度 δ　　单位：cm

H_d	10	10	10	10	10	10
δ	5.82	7.82	9.52	10.32	12.82	13.82
δ/H_d	0.582	0.782	0.952	1.032	1.282	1.382
H_d	10	10	10	10	10	10
δ	14.82	16.82	17.82	22.82	27.82	32.82
δ/H_d	1.482	1.682	1.782	2.282	2.782	3.282

在 WES 型复合堰的上游铅直堰壁上竖向布置两列螺孔，通过螺孔调节一块长 130 cm 与玻璃水槽同宽的有机玻璃板的高度来达到改变上游堰高的目的，有机玻璃板上游端与玻璃水槽底板之间用一块竖向有机玻璃板通过螺丝固定，下游端通过螺丝固定在堰壁上。利用水准尺操平，形成可升降的上游底板用以改变上游堰高 P_1。上游堰高 P_1 的设计值如表 6-4 所示。

表 6-4　上游堰高 P_1　　单位：cm

H_d	10	10	10	10	10	10	10	10
P_1	2	3.3	6.7	10	13.3	15	20	30
P_1/H_d	0.2	0.33	0.67	1	1.33	1.5	2	3

试验时，在堰顶厚度 δ 下，改变上游堰高 P_1 时堰的体形变化示意图如图 6-5 所示。

6.1.2　测点及桩号布置

试验时为了测量不同工况下的水面线、流速及堰面压力等数据，从上游到下游布置了一系列的桩号及测点。如图 6-6 所示，以 WES 型复合堰下游堰面曲线的起点 O 为原点，以水平指向下游方向为 x 轴正方向，竖直向下为 y 轴正方向，建立坐标系。

为测量下游堰面的水力数据，在下游堰面沿中线布置 8 个测点，具体分布情况如图 6-6 所示，各测点坐标值见表 6-5。

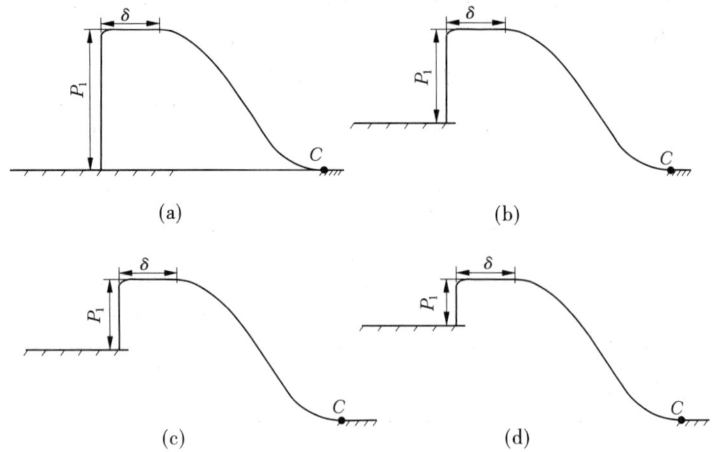

图 6-5 堰顶厚度 δ 时，不同上游堰高 P_1 示意图

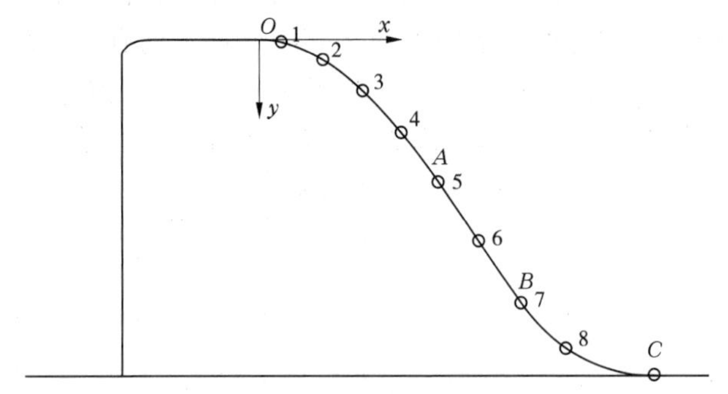

图 6-6 测点布置图

表 6-5 8 个测点的坐标值 单位:cm

x	2.1	5.89	9.58	13.18	16.54	20.29	24.12	28.92
y	0.28	1.88	4.62	8.33	12.73	18.04	23.52	27.96

为测量上游部分的水力数据，从原点 O 沿 x 轴向上游布置了一系列桩号，由原点 O 向上游水平间距每隔 10 cm 布置一桩号，试验测量时取桩号所在断面居中测量记录，桩号见表 6-6，其中由于堰顶宽度 δ 是变化的，设置了 2 个变化的桩号。

表 6-6　上游沿 x 轴各桩号　单位:cm

x	0	0-(δ/2)	0-δ	0-10	0-20	0-30	0-40	0-50
x	0-60	0-70	0-80	0-90	0-100	0-110	0-120	

6.1.3　WES 型复合堰的主要参数

本试验研究的主要内容是 WES 型复合堰的泄流能力,试验选取了几种不同的参数作为试验变量,如堰高、堰宽、水头等,通过研究这些参数与流量系数之间的变化关系来研究 WES 型复合堰的泄流能力。由于受到试验条件的限制,试验参数的选取考虑得不是很完备,本试验涉及的主要参数表示如下:

P_1——上游堰高;

δ_1——堰顶增加的宽度;

δ——堰顶宽度(也称堰顶厚度),WES 曲线最高点到上游铅直堰壁的水平距离;

P_2——下游堰高;

H——堰上水头;

H_d——设计水头(不包括行近流速影响);

H_0——堰顶全水头;

b——垂直水流方向的堰宽;

m——流量系数(不包括流速水头影响);

m_0——综合流量系数(包括流速水头影响);

Δm_0——综合流量系数变化量;

m_0'——综合流量系数变化率;

£ m_0——综合流量系数相对变化量。

(书中出现的 m_{0d}、Δm_{0d}、m'_{0d}、£ m_{0d} 等,表示参数是在设计水头下求得的)

6.1.4　试验方案

本试验主要研究 WES 型复合堰在不同体形下的泄流能力,从而找出影响泄流能力的主要因素,为实际工程中对 WES 型复合堰体形选择作参考。通过调节上游底板高程来改变上游堰高 P_1,堰顶通过替换不同宽度的有机玻璃板来改变堰顶厚度 δ。不同的上游堰高和堰顶厚度组成了不同体形的 WES 型复合堰。

根据雷伯克(T. Rrnbok)公式：

$$Q = \left(1.782 + 0.24\frac{h_e}{P}\right)Lh_e^{1.5} \tag{6-2}$$

其中

$$h_e = h + 0.0011 \tag{6-3}$$

式中　Q——流量,m^3/s；

P——堰高,m；

L——堰宽,m；

h——堰上水头,m。

上游的矩形量水堰由雷伯克公式可以算出流量 Q。忽略下游淹没和侧收缩的影响,再由堰流计算公式：

$$Q = m_0 b\sqrt{2g}H^{1.5} \tag{6-4}$$

式中　H——堰上水头(不包括流速水头),m；

b——堰宽,m；

g——重力加速度,m/s^2；

m_0——流量系数(包括流速水头影响)。

根据流量 Q 相等,即式(6-2)~式(6-4)可以算出 WES 型复合堰的流量系数 m_0。

一般认为,距离上游堰壁 $L=(3\sim5)H$ 处的断面为堰前断面,一般此处的堰上水头 H 与堰顶全水头 H_0 基本一致,本试验对于 H 的测量位置取在堰前约 $L=10H$ 处,可以认为此处试验测量的即为堰顶全水头。试验时控制此处的水位,待上游水流平稳后进行试验测量,其中水位测量采用固定测针和移动测针相结合控制误差小于 0.1 mm。试验过程分两部分:第一部分为定水头试验,即控制堰上水头 $H=H_d=10$ cm 不变,逐步改变堰宽 δ 和上游堰高 P_1 形成不同的堰型组合进行放水试验,记录水位、流态、堰面压力等相关试验数据。第二部分为变水头试验,即逐步抬高堰上水头 H,并在每一种堰上水头 H 下选取几组不同的堰型组合作为研究对象进行放水试验,记录水位、流态、压面压力等相关试验数据。

本书关于 WES 型复合堰的试验,主要为堰型的划分及泄流能力方面的研究。同时,试验得到的水面线、流态、压力状况等实测资料也可作为相关研究的参考。通过试验可以得到 WES 型复合堰在不同体形下的流量系数,泄流能力的大小主要通过流量系数的大小来反映,堰型的变化在流量系数上同样也能得到体现。关于实用堰及宽顶堰的划分是根据堰的水力特性进行的,主要依据过堰水流流态的变化并结合试验所得泄流能力的变化情况,将 WES 型复合堰划分为实用堰及宽顶堰；关于高堰及低堰的划分是根据高、低堰的判别标准进行的，由高、低堰的判别标准根据实测数据拟合出高、低堰的界限经验公式，依据高、低堰界限将 WES 型复合实用堰进一步划分为实用堰高堰和实用堰低堰。

通过试验测得 WES 型复合堰不同体形下的流量系数，根据试验数据及观察记录并结合理论对 WES 型复合堰进行堰型的划分，运用数学分析的方法找出影响 WES 型复合堰泄流能力的主要因素，并根据主要影响因素与流量系数之间的变化关系拟合出相应的流量系数的计算公式。同时结合试验过程中实测的堰面压力变化情况、过堰水流流态情况、堰前流速情况、水面线等，综合各方面因素为提出合理的 WES 型复合堰体型提供参考依据。

6.2　过流特性研究

6.2.1　水面线

为了描述各种组合下 WES 型复合堰的水面变化情况，在设计水位 $H_d=10$ cm 的条件下，利用活动测针测量了各种组合下的水位数据，并根据测量结果绘制出各组合下 WES 型复合堰的水面线。通过对各种组合下水面线的记录，为关于 WES 型复合堰的堰型划分提供了有力的依据，也为其他相关研究积累了实测资料。

试验时测量了大量的数据，堰高方面涵盖了由低堰到高堰的各种组合，堰顶厚度方面涵盖了由实用堰到宽顶堰的各种组合。其中一些组合形式在实际应用时出现较少，相关的测量记录较多地体现在其研究方面的价值。如上游堰高为 2 cm 的组合，其相对堰高 $P_1/H_d=0.2$，在以往的研究中，这种堰被称为特低堰，水闸及溢洪道等实际工程中很少出现这类堰型。这里选取两组不同堰顶厚度下的组合，绘制出其水面线，如图 6-7 ~ 图 6-21 所示。

由图 6-7 和图 6-8 可见，当上游堰高较小时，WES 型复合堰的上游水面有明显波动，过堰水流在堰顶进口处的跌落比较缓慢，无明显的突跌现象，堰顶段过流水面线比较平顺。随着上游堰高的增加，由图 6-9 可见，当 $P_1=6.7$ 时，WES 型复合堰的上游水面波动减弱，过堰水流在进口处的跌落仍然比较缓慢无明显突跌现象，堰顶段过流水面线比较平顺。由图 6-10 ~ 图 6-12 可见，WES 型复合堰的上游水面已无明显波动，过堰水流在进口处依然没有突跌现象，过堰水流的水面线比较平顺。当上游堰高较大时，由图 6-13、图 6-14

可见,WES 型复合堰的上游水面线基本平直,但过堰水流在进口处跌落比较快,出现了明显的突跌现象。本组堰顶厚度下,过堰水流是在重力作用下自然下泄,堰顶对过流的顶托作用不明显,其过堰水流流态属于实用堰的过流情况,这也和之前对 WES 型复合堰进行的实用堰的划分范围相符合。

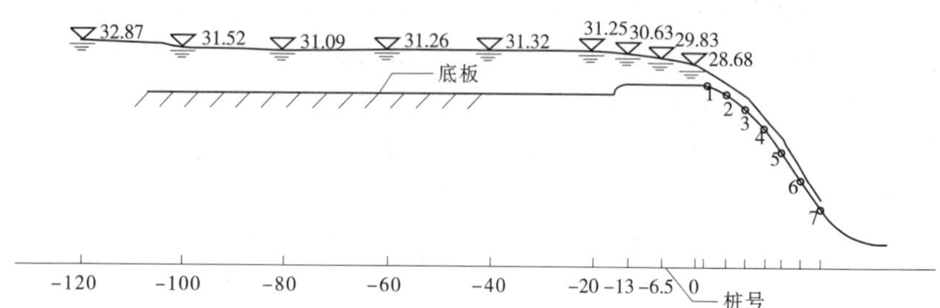

图 6-7　$\delta=15.82$ cm、$P_1=2$ cm 时的水面线

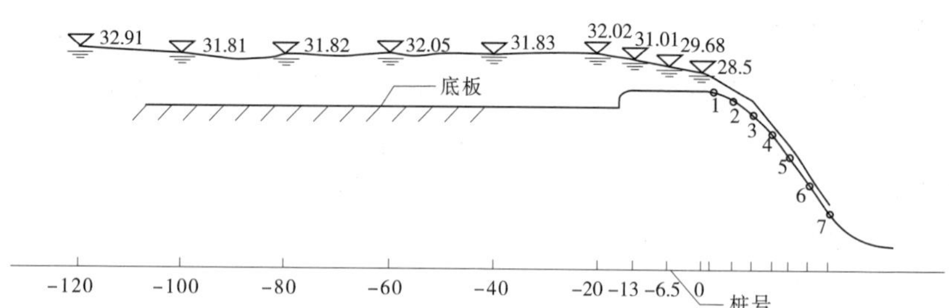

图 6-8　$\delta=15.82$ cm、$P_1=3.3$ cm 时的水面线

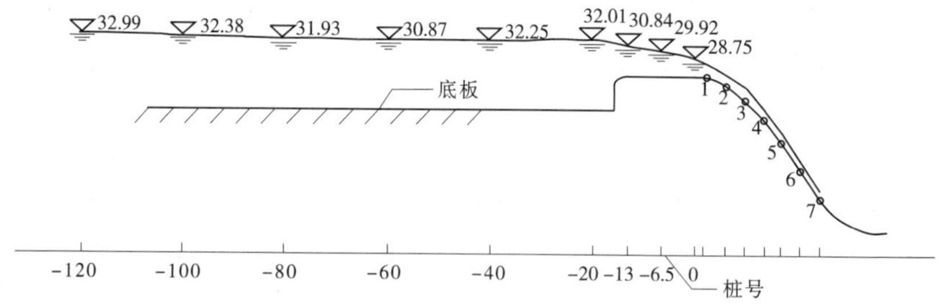

图 6-9　$\delta=15.82$ cm、$P_1=6.7$ cm 时的水面线

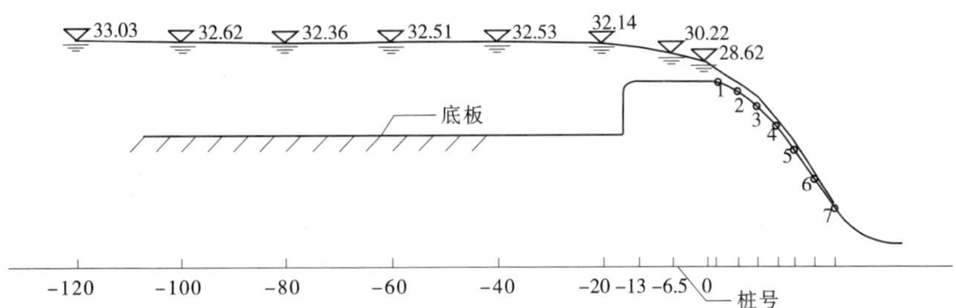

图 6-10　δ= 15. 82 cm、P_1 = 10 cm 时的水面线

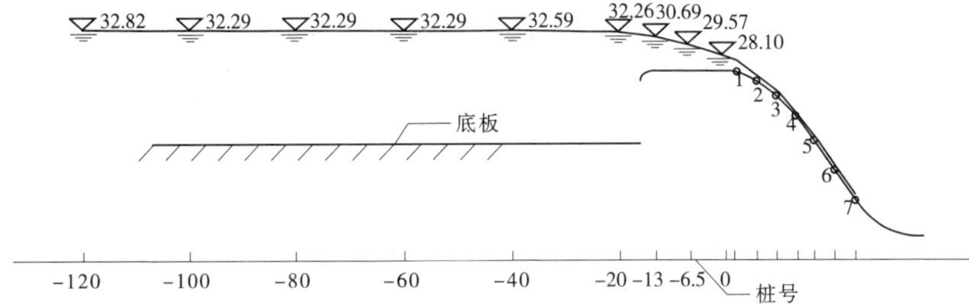

图 6-11　δ= 15. 82 cm、P_1 = 13. 3 cm 时的水面线

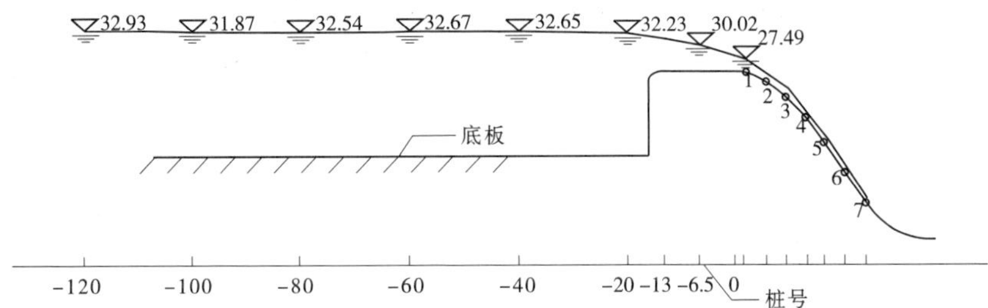

图 6-12　δ= 15. 82 cm、P_1 = 15 cm 时的水面线

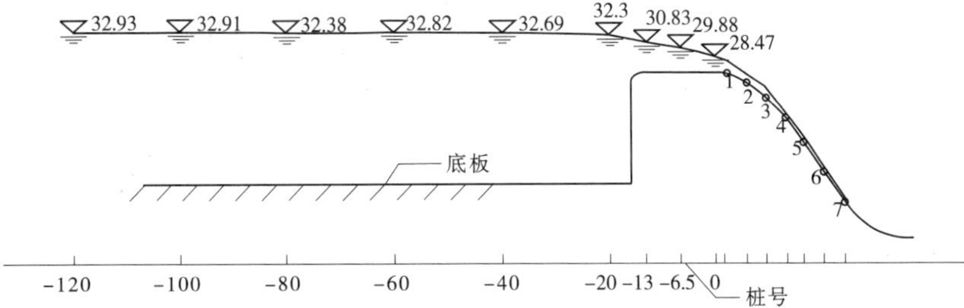

图 6-13　δ= 15. 82 cm、P_1 = 20 cm 时的水面线

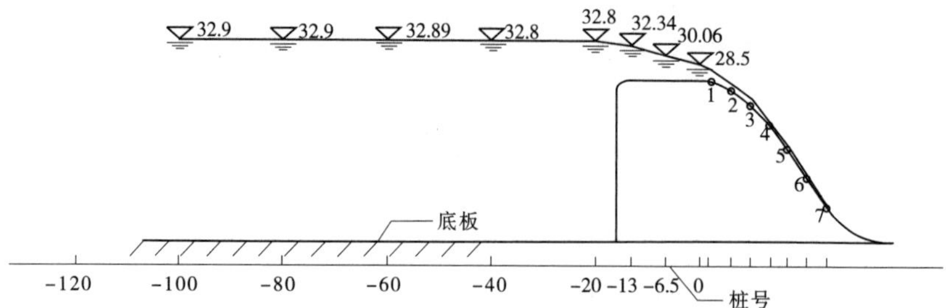

图 6-14　δ= 15.82 cm、P_1= 30 cm 时的水面线

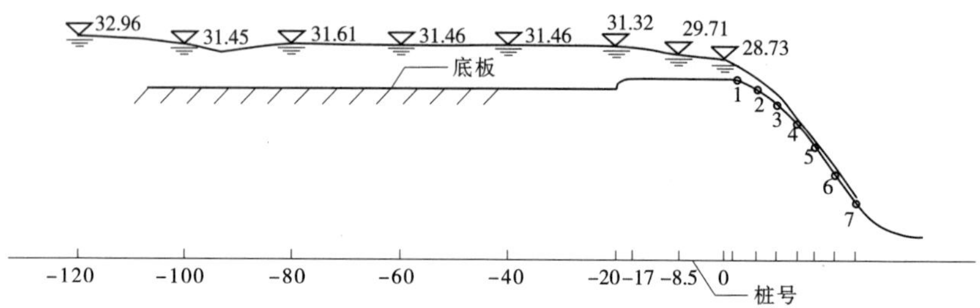

图 6-15　δ= 22.82 cm、P_1= 2 cm 时的水面线

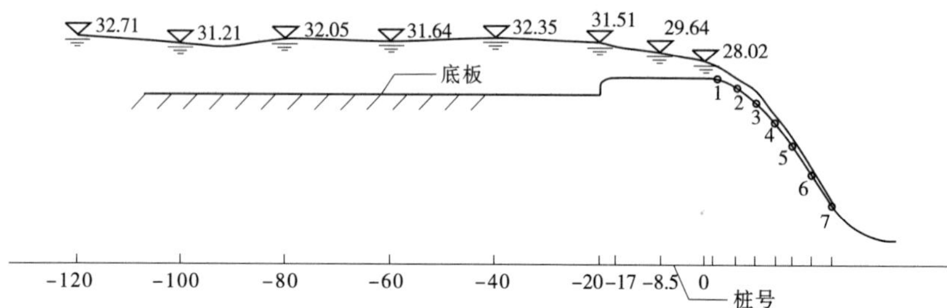

图 6-16　δ= 22.82 cm、P_1= 3.3 cm 时的水面线

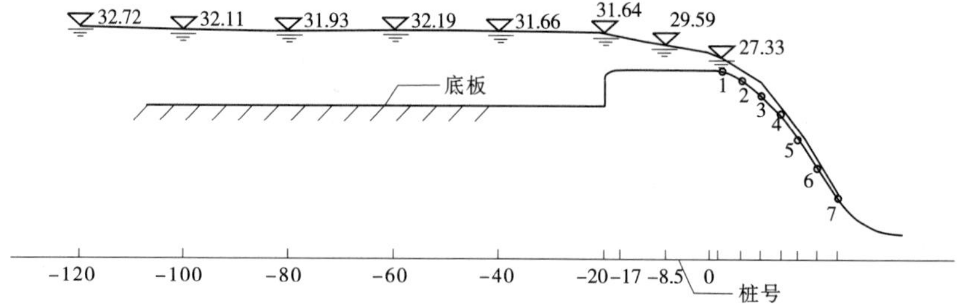

图 6-17　δ= 22.82 cm、P_1= 6.7 cm 时的水面线

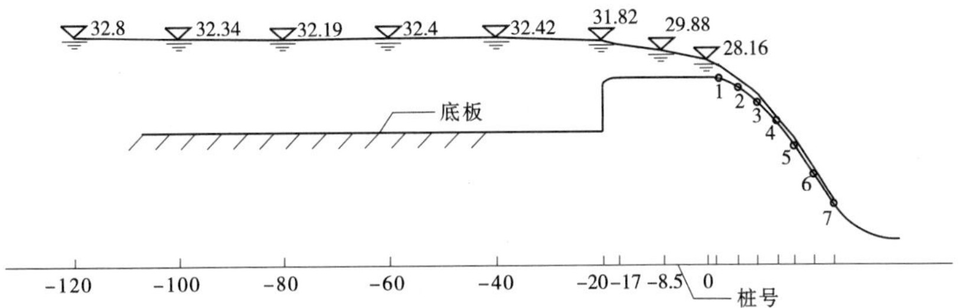

图 6-18　δ = 22.82 cm、P_1 = 10 cm 时的水面线

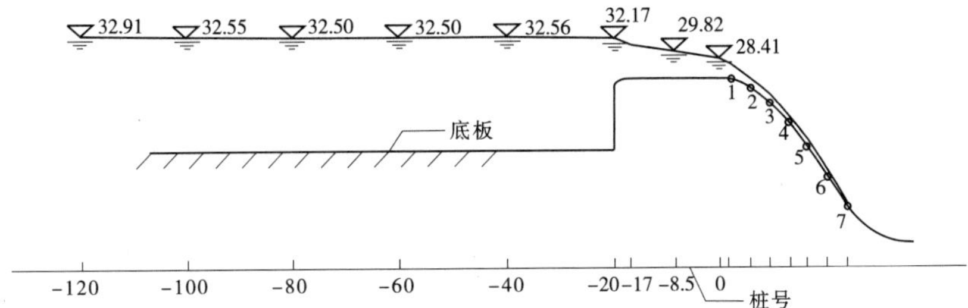

图 6-19　δ = 22.82 cm、P_1 = 13.3 cm 时的水面线

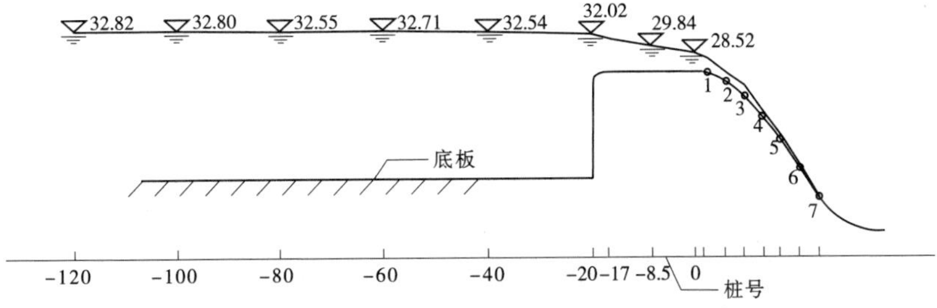

图 6-20　δ = 22.82 cm、P_1 = 20 cm 时的水面线

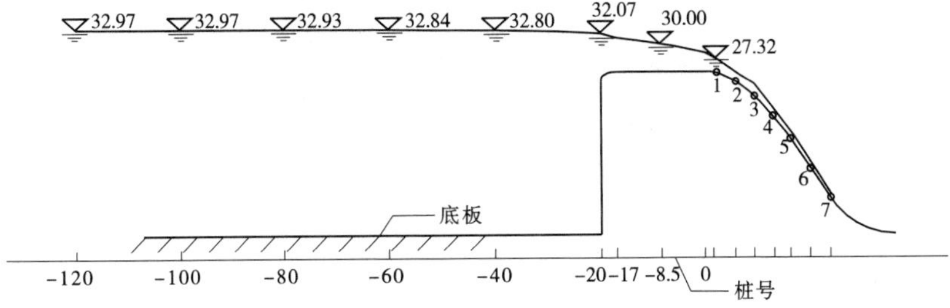

图 6-21　δ = 22.82 cm、P_1 = 30 cm 时的水面线

由图 6-15~图 6-21 可见，当上游堰高较小时，WES 型复合堰的上游堰面有比较明显的波动，随着上游堰高的增加波动减弱直至上游水面线平直。在此种堰顶厚度下，过堰水流在进口处出现第一次水面跌落且由于下游水位较低在堰顶末端出现了第二次水面跌落现象，堰顶对过堰水流有明显的顶托作用，堰顶有一段水流与堰顶接近平行，其过堰水流流态属于宽顶堰的过流情况，这也和之前对 WES 型复合堰进行的宽顶堰的划分范围相符合。

在各种堰顶厚度的体形组合试验中还发现：当上游堰高较小时，堰前水面会有明显的波动现象，随着上游堰高的增加波动逐渐减小直至基本消失。以上列出的 $\delta=15.82$ cm 和 $\delta=22.82$ cm 两组也可以看出这种变化，原因是堰前来流受堰的阻挡，其下层水流会出现回漩，当上游堰高较小时，堰前水深较小，下层的紊动会传递到水面表现为波动现象；当上游堰高较大时，堰前水深较大，由于水流内部的黏滞力等作用，紊动水流在水流下层经过消能传递到水面时，对水面的波及较小。

6.2.2　流态

保持堰上水头为设计水头 10 cm，进行各种组合下的放水试验，并采用数码相机记录过流流态。通过试验发现在各种堰顶厚度 δ 下，随着堰高 P_1 的变化堰顶及堰前水面呈现不同的波动变化。以堰顶厚度 $\delta=27.82$ cm 为例如图 6-22~图 6-29 所示。

通过放水试验可以观测到：当上游堰高 P_1 很小时，WES 型复合堰上游水面波动明显，过堰水流紊动较大。如图 6-22 所示，当 $P_1=2$ cm 时，上游水面呈

图 6-22　$\delta=27.82$ cm、$P_1=2$ cm 时的流态

明显波动，过堰水流显现出许多较厚小水股。如图6-23所示，当$P_1=3.3$ cm时，上游水面呈波浪形波动，过堰水流紊动较大且除小水股外有很多相对较大的厚水股出现。

图6-23　$\delta=27.82$ cm、$P_1=3.3$ cm时的流态

随着上游堰高的增加，水面波动逐渐减小，如图6-24和图6-25所示，当上游堰高$P_1=6.7$ cm及$P_1=10$ cm时，可以看到上游水面波浪型波动基本消失，表现为明显的波纹，过堰水流仍然紊动较大，从堰上游离堰较远开始形成不均匀的水股，大多数为小水股，相对较大的厚水股较少。

如图6-26、图6-27所示，当上游堰高增加为$P_1=13.3$ cm及$P_1=15$ cm时，上游水面波动进一步减弱，表现为不明显波纹，在上游靠近堰开始形成不均匀小水股，过堰水流的小水股减少，相对较大的厚水股仍然存在。

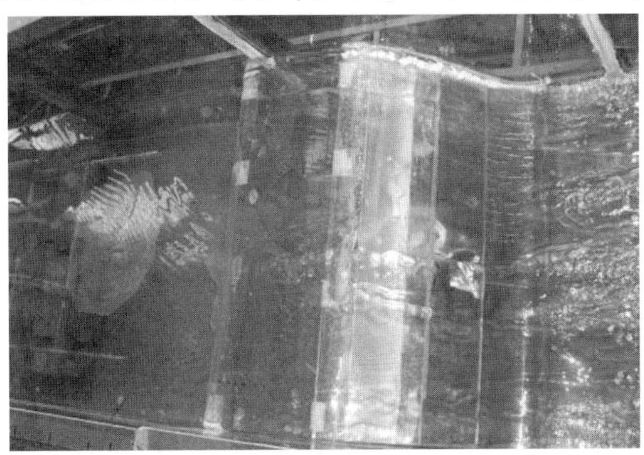

图6-24　$\delta=27.82$ cm、$P_1=6.7$ cm时的流态

图 6-25　$\delta = 27.82$ cm、$P_1 = 10$ cm 时的流态

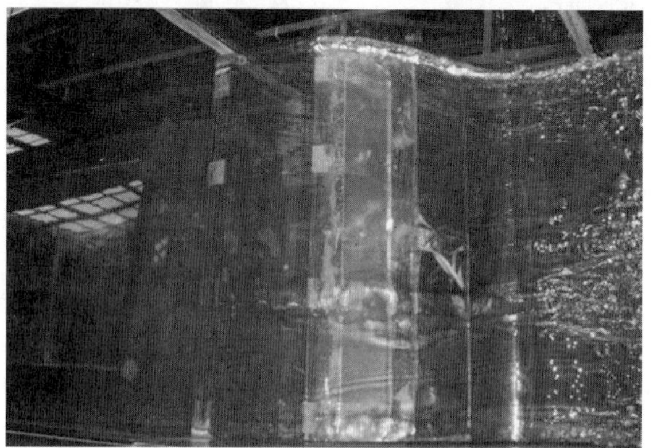

图 6-26　$\delta = 27.82$ cm、$P_1 = 13.3$ cm 时的流态

图 6-27　$\delta = 27.82$ cm、$P_1 = 15$ cm 时的流态

如图 6-28、图 6-29 所示，当上游堰高增加为 $P_1 = 20$ cm 及 $P_1 = 30$ cm 时，上游水面表现为平稳无波动，过堰水流小水股基本消失，水流过堰较平顺，偶有较大的厚水股出现。

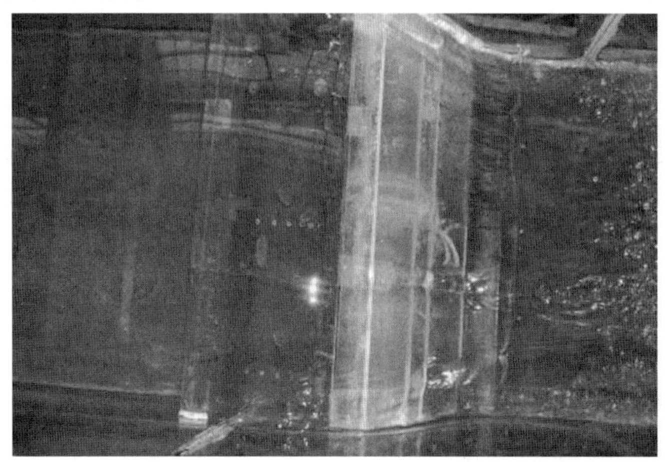

图 6-28　$\delta = 27.82$ cm、$P_1 = 20$ cm 时的流态

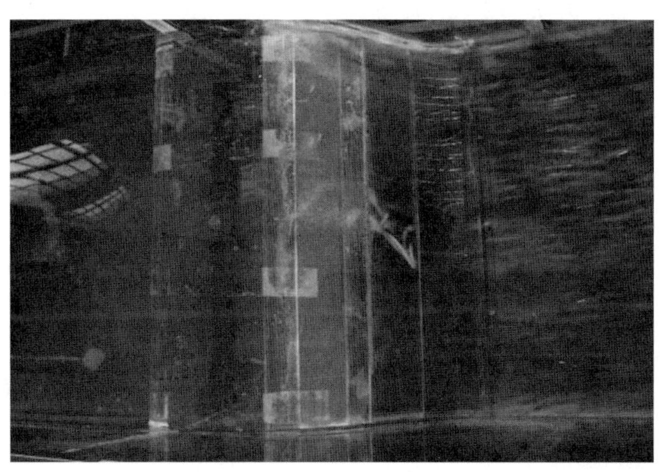

图 6-29　$\delta = 27.82$ cm、$P_1 = 30$ cm 时的流态

通过对放水试验的观测可以得出：随着上游堰高的增加，上游水面从波动剧烈逐渐变平稳，过堰水流开始变现为很多小水股夹杂较大的厚水股，随着上游堰高的增加，水股逐渐减少减弱，直至过堰水流基本平顺偶尔有较厚水股出现。可以预见，当上游堰高较小时上游水面的波动会对过流产生一定影响。

6.2.3　堰面压力

堰的剖面大小取决于所采用的设计水头，设计水头的选取应保证既能得到较大的流量系数，又不会使堰面产生危及坝体安全的负压。当堰面顶托过堰水流时，堰面压强大于大气压，总水头中的势能会有一部分转化为压能，使转化为动能的部分减小，过流能力降低。这种堰型也较肥且不经济。当过堰水流脱离堰面时，堰面的压强小于大气压，相当于作用水头增加，过流能力增大。这种堰型较瘦，减小了工程量有利于节约投资，但要注意满足泄洪安全的要求，不能出现危及坝体安全的负压。工程上较多采用具有低真空度的堰型，这样既能满足泄洪安全要求，又能得到较大的流量系数。

对于 WES 堰，其剖面较瘦，堰面压强分布比较理想，负压不大，对安全有利。本书所研究的 WES 型复合堰，由于堰顶的拓宽，其堰面压强的分布会受到影响。为了研究 WES 型复合堰的堰面压力情况并积累试验数据，为实际工程提供参考，选取了几组不同的体形进行试验。试验时，在所选取的每种堰顶厚度和上游堰高的组合下，对堰上水头 H 进行了逐步的提升，分别取 2 cm、4 cm、6 cm、8 cm、10 cm、12 cm、13 cm 进行测量。这里以 $\delta=17.82$ cm 和 $\delta=27.82$ cm 为例进行分析，如表 6-7～表 6-16 所示。

表 6-7　测点压力($\delta=17.82$ cm、$P_1=13.3$ cm)

	各测点压力水柱/cm						
水位 H	2 cm	4 cm	6 cm	8 cm	10 cm	12 cm	13 cm
测 1	0.735	1.035	1.135	0.835	0.735	0.235	0.035
测 2	0.535	0.735	0.635	0.235	−0.165	−1.065	−1.465
测 3	−0.125	0.575	0.675	0.475	0.275	−0.225	−0.625
测 4	−0.015	−0.115	−0.115	−0.315	−0.615	−0.815	−1.115
测 5	0.485	0.785	1.085	1.185	1.485	1.685	1.785
测 6	0.095	0.395	0.695	0.695	1.095	1.495	1.895
测 7	−0.425	−0.025	0.575	0.775	2.575	4.775	6.375

表 6-8　测点压力（δ=17.82 cm、P_1=10 cm）

	各测点压力水柱/cm						
水位 H	2 cm	4 cm	6 cm	8 cm	10 cm	12 cm	13 cm
测 1	0.935	1.135	1.135	0.935	0.735	0.335	-0.265
测 2	0.435	0.635	0.535	0.135	-0.465	-1.165	-1.565
测 3	0.375	0.475	0.575	0.475	0.175	-0.325	-0.725
测 4	0.185	-0.115	-0.215	-0.015	-0.415	-0.615	-1.215
测 5	0.585	0.785	0.985	1.185	1.385	1.585	1.685
测 6	-0.005	0.295	0.595	0.495	0.895	1.395	2.095
测 7	-0.425	-0.025	0.475	0.875	2.675	5.075	6.275

表 6-9　测点压力（δ=17.82 cm、P_1=6.7 cm）

	各测点压力水柱/cm						
水位 H	2 cm	4 cm	6 cm	8 cm	10 cm	12 cm	13 cm
测 1	0.935	1.135	1.135	0.835	0.735	0.335	-0.065
测 2	0.535	0.735	0.635	0.335	-0.165	-0.965	-1.665
测 3	0.275	0.575	0.675	0.475	0.275	-0.125	-0.625
测 4	0.085	-0.115	-0.115	-0.315	-0.515	-0.815	-1.115
测 5	0.485	0.885	0.985	1.185	1.485	1.685	1.685
测 6	0.095	0.395	0.595	0.395	0.895	1.395	1.795
测 7	-0.325	-0.125	0.375	0.575	2.375	4.475	6.275

表 6-10　测点压力(δ=17.82 cm、P_1=3.3 cm)

	各测点压力水柱/cm						
水位 H	2 cm	4 cm	6 cm	8 cm	10 cm	12 cm	13 cm
测 1	0.835	1.035	1.235	0.935	0.735	0.035	-0.065
测 2	0.635	0.635	0.635	0.335	-0.165	-0.965	-1.465
测 3	0.275	0.475	0.675	0.575	0.375	-0.225	-0.525
测 4	-0.015	-0.015	-0.115	-0.115	-0.415	-0.915	-0.915
测 5	0.585	0.785	0.985	1.185	1.485	1.485	1.685
测 6	0.095	0.195	0.495	0.495	0.795	1.295	1.195
测 7	-0.325	-1.325	0.375	0.575	2.275	4.275	6.175

表 6-11　测点压力(δ=17.82 cm、P_1=2 cm)

	各测点压力水柱/cm						
水位 H	2 cm	4 cm	6 cm	8 cm	10 cm	12 cm	13 cm
测 1	0.835	1.135	1.235	0.935	0.635	0.335	-0.165
测 2	0.635	0.635	0.635	0.135	-0.165	-0.865	-1.265
测 3	0.475	0.575	0.675	0.475	0.375	-0.025	-0.425
测 4	0.085	-0.115	-0.015	-0.315	-0.415	-0.615	-1.015
测 5	0.685	0.785	0.985	1.285	1.385	1.685	1.585
测 6	0.195	0.095	0.495	0.595	1.095	1.695	1.895
测 7	-0.325	-1.025	-0.625	0.175	2.075	4.275	5.575

表 6-12　测点压力(δ=27. 82 cm、P_1=13. 3 cm)

	各测点压力水柱/cm						
水位 H	2 cm	4 cm	6 cm	8 cm	10 cm	12 cm	13 cm
测 1	1. 035	1. 735	2. 135	1. 635	1. 335	1. 135	1. 635
测 2	0. 735	1. 035	0. 935	0. 035	−0. 965	−2. 565	−3. 065
测 3	0. 475	0. 675	0. 775	0. 575	0. 375	−0. 125	0. 275
测 4	0. 185	0. 085	−0. 015	−0. 215	−0. 515	−0. 715	−0. 915
测 5	0. 685	0. 985	1. 185	1. 385	1. 685	1. 885	1. 985
测 6	0. 395	0. 395	0. 595	1. 395	1. 795	2. 195	2. 595
测 7	−0. 325	−1. 125	−0. 525	0. 775	2. 475	4. 675	5. 875

表 6-13　测点压力(δ=27. 82 cm、P_1=10 cm)

	各测点压力水柱/cm						
水位 H	2 cm	4 cm	6 cm	8 cm	10 cm	12 cm	13 cm
测 1	1. 035	1. 535	2. 135	2. 135	2. 035	1. 635	1. 235
测 2	0. 735	0. 935	0. 935	0. 035	−0. 065	−0. 565	−0. 965
测 3	−0. 125	0. 675	0. 775	0. 575	0. 375	−0. 125	0. 275
测 4	0. 085	0. 085	−0. 115	−0. 415	−0. 815	−0. 915	−1. 015
测 5	0. 685	0. 985	1. 185	1. 385	1. 485	1. 785	1. 885
测 6	0. 395	0. 495	0. 595	0. 995	1. 195	1. 795	2. 195
测 7	−0. 325	−0. 925	−0. 325	0. 675	2. 275	4. 475	5. 575

表 6-14　测点压力(δ=27.82 cm、P_1=6.7 cm)

	各测点压力水柱/cm						
水位 H	2 cm	4 cm	6 cm	8 cm	10 cm	12 cm	13 cm
测 1	1.035	1.535	1.835	1.735	1.835	1.835	1.635
测 2	0.635	0.835	0.635	0.535	0.035	−0.665	−1.065
测 3	0.475	0.775	0.675	0.675	0.275	−0.225	−0.425
测 4	0.085	0.085	−0.015	−0.215	−1.615	−0.915	−1.115
测 5	0.585	0.985	1.185	1.385	1.485	1.685	1.885
测 6	0.395	0.595	0.695	0.995	2.195	2.095	2.195
测 7	−0.225	−0.125	−0.325	0.675	2.375	4.375	5.575

表 6-15　测点压力(δ=27.82 cm、P_1=3.3 cm)

	各测点压力水柱/cm						
水位 H	2 cm	4 cm	6 cm	8 cm	10 cm	12 cm	13 cm
测 1	0.935	1.435	1.535	1.435	0.835	0.735	0.435
测 2	0.735	0.935	0.835	0.535	−0.165	−0.865	−1.265
测 3	0.475	0.675	0.775	0.675	−0.125	−0.225	−0.425
测 4	−0.015	−0.015	−0.015	−0.215	−0.615	−0.815	−1.015
测 5	0.685	0.885	1.085	1.285	1.185	1.685	1.785
测 6	0.295	0.495	0.695	0.895	1.395	1.895	1.995
测 7	−0.225	−0.225	−0.225	0.875	2.275	4.575	5.475

表 6-16　测点压力(δ=27.82 cm、P_1=2 cm)

	各测点压力水柱/cm						
水位 H	2 cm	4 cm	6 cm	8 cm	10 cm	12 cm	13 cm
测 1	0.835	1.335	1.235	1.035	0.635	0.135	0.035
测 2	0.635	0.835	0.735	0.335	−0.165	−0.965	−1.465
测 3	0.375	0.575	0.675	0.575	0.375	−0.225	−0.525
测 4	−0.015	−0.015	−0.015	−0.215	−0.615	−1.015	−1.215
测 5	0.685	0.885	1.085	1.285	1.485	1.685	1.685
测 6	0.295	0.395	0.495	0.895	1.295	1.795	1.895
测 7	−0.325	−0.425	−0.425	0.575	2.375	4.575	5.375

根据表 6-7~表 6-16,将不同的堰顶厚度和上游堰高的组合下,不同的堰上水头对应的堰面压力情况绘成压力水柱图,如图 6-30~图 6-39 所示。

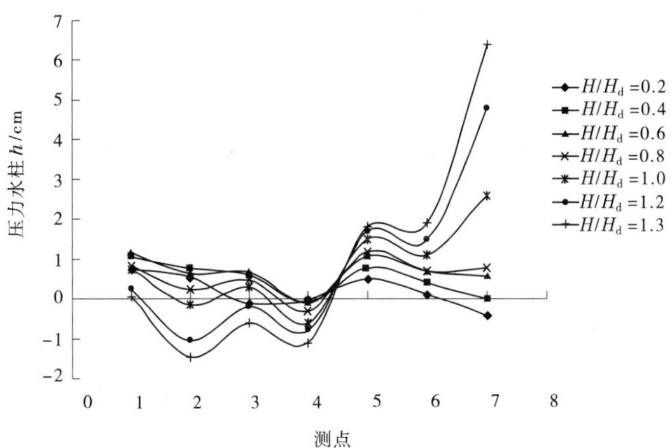

图 6-30　堰面压力(δ=17.82 cm、P_1=13.3 cm)

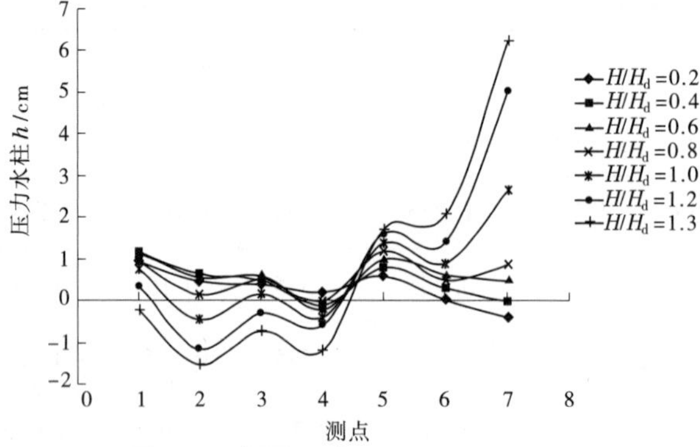

图 6-31　堰面压力（δ=17.82 cm、P_1=10 cm）

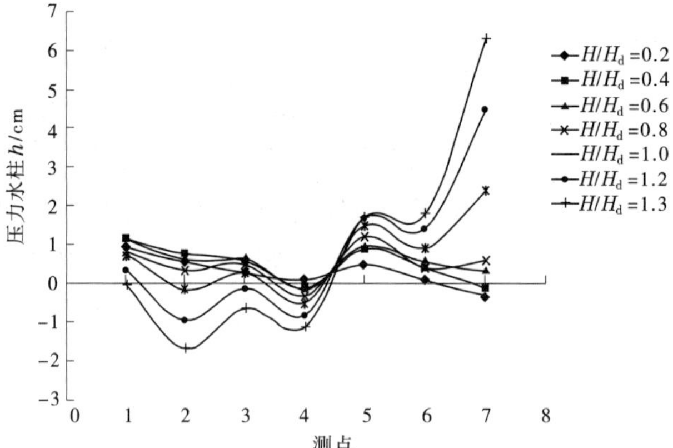

图 6-32　堰面压力（δ=17.82 cm、P_1=6.7 cm）

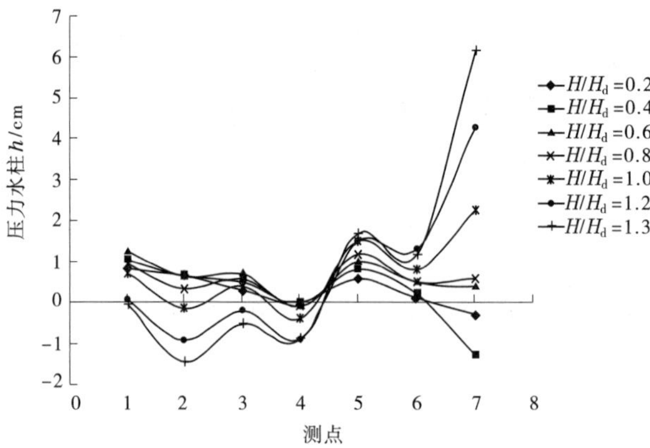

图 6-33　堰面压力（δ=17.82 cm、P_1=3.3 cm）

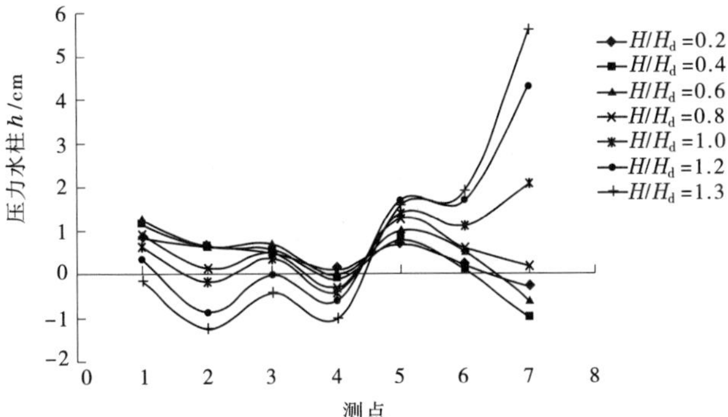

图 6-34　**堰面压力**（δ=17.82 cm、P_1=2 cm）

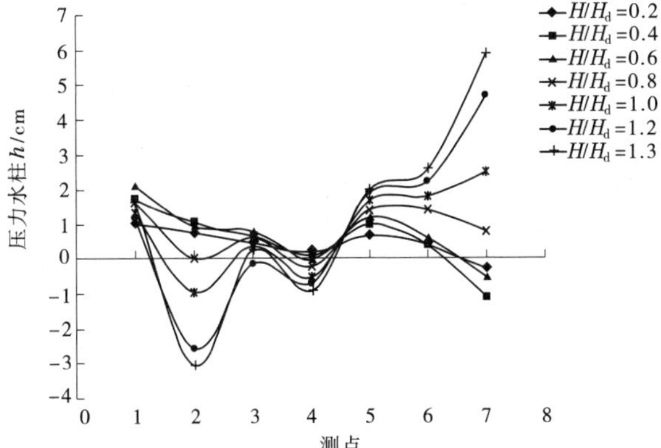

图 6-35　**堰面压力**（δ=27.82 cm、P_1=13.3 cm）

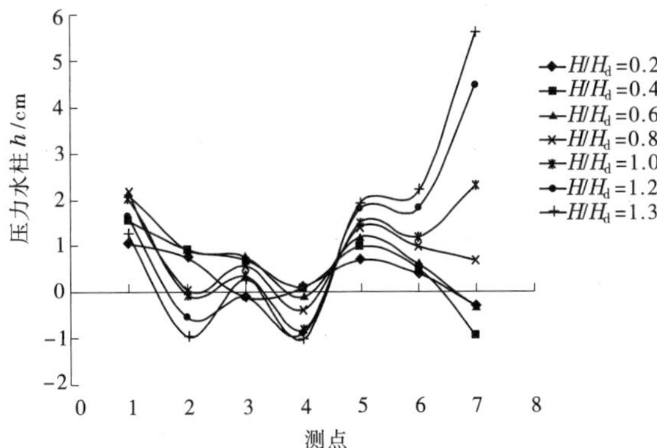

图 6-36　**堰面压力**（δ=27.82 cm、P_1=10 cm）

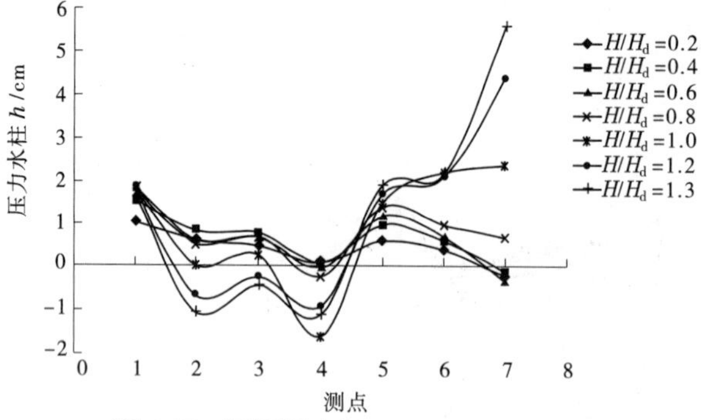

图 6-37　堰面压力(δ=27.82 cm、P_1=6.7 cm)

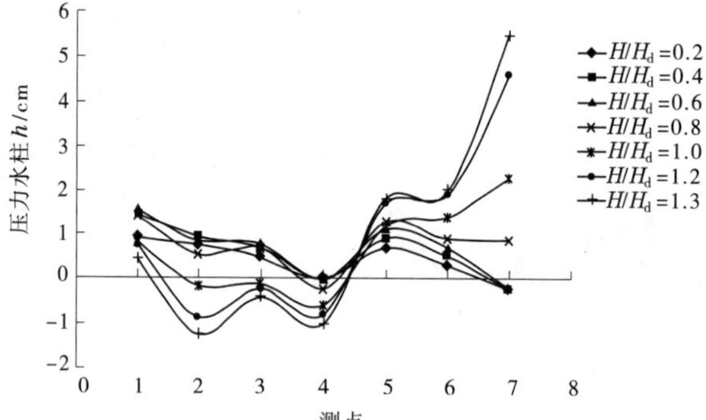

图 6-38　堰面压力(δ=27.82 cm、P_1=3.3 cm)

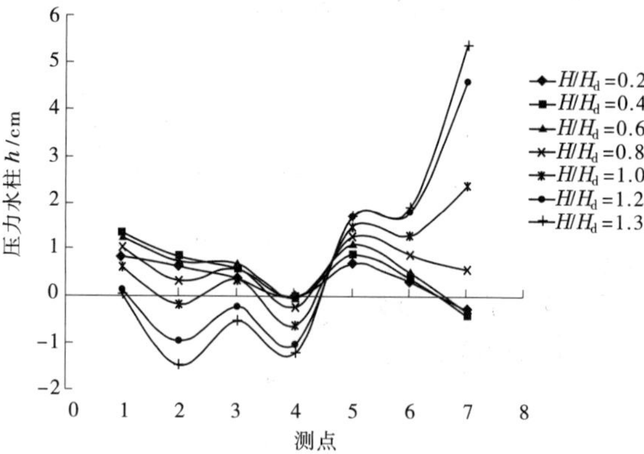

图 6-39　堰面压力(δ=27.82 cm、P_1=2 cm)

由以上所举出的不同堰型组合下的测量数据及压力水柱图可以反映出:

(1)随着堰顶厚度的增加,堰面压力在减小。由图 6-30~图 6-39 可见,在每种 δ 和 P_1 的组合下,随着 H/H_d 的升高,最大负压由 4 号测点向上游移至 2 号测点。

(2)在不同的相对水头比 H/H_d 下,堰面上各测点的压力状况曲线在 4 号测点和 5 号测点之间相交。而且在交点的上游侧堰面,相对水头比 H/H_d 越高,各测点的压力值越小;在交点的下游侧堰面,相对水头比 H/H_d 越高,各测点的压力值越大。由以上各测点的压力图 6-30~图 6-39 可见,在交点之前,当相对水头比 H/H_d 较高时堰面压力表现为负值,在交点之后压力基本全为正值。

(3)由表 6-7~表 6-16 可见,在各种 δ 和 P_1 的组合下,1 号、2 号、和 3 号测点随着 H/H_d 的升高,堰面压力先升高后下降,在 $H/H_d=0.6$ 时压力最大,在 $H/H_d=1.3$ 时压力最小;4 号测点随着 H/H_d 的升高,堰面压力一直下降;5 号、6 号和 7 号测点的堰面压力随着 H/H_d 的升高一直升高。

在各种堰顶厚度 δ 和上游堰高 P_1 组合下,堰上水头和设计水头之比 H/H_d 对堰面压力的影响十分显著。关于堰面负压,溢洪道设计规范的容许值为 -6×9.81 kPa,本试验中 WES 型复合堰的各种组合下的堰面负压均不大,没有出现危及坝体安全的负压情况,能满足泄洪安全的要求。以上试验结果可以为实际工程提供一定的参考价值,在设计时要选取合适的 H/H_d,避免出现工程所不容许的负压,且在容易出现负压的位置做好防护措施,防止溢流面出现气蚀破坏。

6.3　堰型划分研究

6.3.1　WES 型复合堰实用堰及宽顶堰的划分

堰是和堰流形式相对应的,什么样的堰流形式对应什么样的堰,把堰流形式和堰分开研究是没有意义的。如对于同一座堰,当溢流水头较小时可以是宽顶堰流,此时对应的堰为宽顶堰;当溢流水头足够大时,堰流形式逐渐过渡到折线型实用堰流,此时对应的堰起折线型实用堰的作用。通常,在水力计算时人们按照堰壁厚度与堰上水头的比值 δ/H 的大小,把堰流分为薄壁堰流、实用堰流与宽顶堰流。其中,当 $\delta/H<0.67$ 时为薄壁堰流,当 $0.67<\delta/H<2.5$ 时为实用堰流,当 $2.5<\delta/H<10$ 时为宽顶堰流。δ/H 是堰流形式划分的重要参数,但划分的核心依据还是堰流流态。因此,判别堰流为实用堰流还是宽顶堰流时不能只看 δ/H 的数值,例如对薄壁堰流来说,堰顶必须做成向下游倾

斜的锐角或直角薄壁，这样堰的最高位置为进口处，与水流线接触，其余堰壁均在自由水舌下缘以下对过流无影响。若堰顶为其他形式且凸进自由水舌呈面的接触并对其有顶托作用，即使 $\delta/H<0.67$ 也不属于薄壁堰流。可见，堰的类型不只是由 δ/H 的大小决定的，还要根据堰的实际水力特性进行判别。

本试验研究的 WES 型复合堰不是常规的标准堰型，随着堰顶平段的增加，堰型由实用堰过渡到折线型实用堰，继而再过渡到宽顶堰，这种过渡是逐渐而连续的，如同随宽顶堰的堰顶厚度逐渐增加水流过渡到明渠水流一样。实用堰(包括折线型实用堰)的流量系数明显比宽顶堰的流量系数大，两者的过流能力存在明显差异。在探讨 WES 型复合堰其实用堰及宽顶堰的划分时，应根据试验实际观测的过堰水流流态，结合试验所得的流量系数变化情况，结合相关理论，合理地对 WES 型复合堰进行划分，以利于研究其过流能力，找出其中规律性的变化关系服务于实际生产。

实用堰或宽顶堰划分的主要因素是堰顶厚度与堰上水头之比 δ/H，本试验选取的堰顶增加厚度 δ_1 为 3 cm、5 cm、6.7 cm、7.5 cm、10 cm、11 cm、12 cm、14 cm、15 cm、20 cm、25 cm、30 cm，对应的堰顶厚度 δ 为 5.82 cm、7.82 cm、9.52 cm、10.32 cm、12.82 cm、13.82 cm、14.82 cm、16.82 cm、17.82 cm、22.82 cm、27.82 cm、32.82 cm，在设计水头 $H_d=10$ cm 下，分析不同上游堰高 P_1 下，堰顶厚度 δ 变化对综合流量系数 m_0 的影响。上游不同堰高组合的情况下试验数据如表 6-17～表 6-24 所示。

表 6-17　$P_1=30$ cm 的试验数据

δ/cm	δ/H	实测流量/(m^3/s)	B/m	H/m	实测流量系数 m_0
5.82	0.582 0	0.051 2	0.8	0.100 0	0.453 5
7.82	0.782 0	0.048 4	0.8	0.100 0	0.428 1
9.52	0.953 0	0.046 4	0.8	0.099 9	0.414 8
10.32	1.033 0	0.045 1	0.8	0.099 9	0.402 5
12.82	1.282 0	0.044 2	0.8	0.100 0	0.394 5
13.82	1.382 0	0.043 3	0.8	0.100 0	0.387 0
14.82	1.480 5	0.042 8	0.8	0.100 1	0.381 0
16.82	1.677 0	0.042 6	0.8	0.100 3	0.378 0
17.82	1.787 4	0.041 7	0.8	0.099 7	0.374 0
22.82	2.288 9	0.040 5	0.8	0.099 7	0.367 0
27.82	2.779 2	0.040 7	0.8	0.100 1	0.363 0
32.82	3.282 0	0.040 4	0.8	0.100 0	0.360 2

表 6-18　$P_1 = 20$ cm 的试验数据

δ/cm	δ/H	实测流量/(m³/s)	B/m	H/m	实测流量系数 m_0
5.82	0.579 7	0.051 2	0.8	0.100 4	0.453 0
7.82	0.783 6	0.047 5	0.8	0.099 8	0.427 0
9.52	0.951 0	0.046 2	0.8	0.100 1	0.413 8
10.32	1.032 0	0.045 1	0.8	0.100 0	0.401 7
12.82	1.284 6	0.043 9	0.8	0.099 8	0.393 8
13.82	1.377 9	0.043 6	0.8	0.100 3	0.387 0
14.82	1.483 5	0.042 6	0.8	0.099 9	0.381 0
16.82	1.682 0	0.042 3	0.8	0.100 0	0.378 0
17.82	1.783 8	0.041 7	0.8	0.099 9	0.373 0
22.82	2.279 7	0.040 5	0.8	0.100 1	0.366 0
27.82	2.784 8	0.040 5	0.8	0.099 9	0.362 0
32.82	3.278 7	0.040 3	0.8	0.100 1	0.359 1

表 6-19　$P_1 = 15$ cm 的试验数据

δ/cm	δ/H	实测流量/(m³/s)	B/m	H/m	实测流量系数 m_0
5.82	0.581 4	0.050 4	0.8	0.100 1	0.452 4
7.82	0.782 8	0.047 5	0.8	0.099 9	0.426 7
9.52	0.954 9	0.045 9	0.8	0.099 7	0.413 3
10.32	1.028 9	0.044 8	0.8	0.100 3	0.401 2
12.82	1.276 9	0.044 2	0.8	0.100 4	0.392 8
13.82	1.382 0	0.043 0	0.8	0.100 0	0.386 5
14.82	1.485 0	0.041 9	0.8	0.099 8	0.379 8
16.82	1.677 0	0.042 5	0.8	0.100 3	0.377 0
17.82	1.783 8	0.041 6	0.8	0.099 9	0.372 8
22.82	2.275 2	0.040 7	0.8	0.100 3	0.366 5
27.82	2.776 4	0.040 1	0.8	0.100 2	0.360 9
32.82	3.265 7	0.040 5	0.8	0.100 5	0.358 1

表 6-20　$P_1 = 13.3$ cm 的试验数据

δ/cm	δ/H	实测流量/(m^3/s)	B/m	H/m	实测流量系数 m_0
5.82	0.583 8	0.049 4	0.8	0.099 7	0.450 9
7.82	0.779 7	0.047 6	0.8	0.100 3	0.425 6
9.52	0.954 9	0.045 8	0.8	0.099 7	0.412 1
10.32	1.031 0	0.044 3	0.8	0.100 1	0.400 2
12.82	1.278 2	0.044 1	0.8	0.100 3	0.392 0
13.82	1.382 0	0.043 0	0.8	0.100 0	0.385 2
14.82	1.479 0	0.042 5	0.8	0.100 2	0.378 8
16.82	1.678 6	0.042 3	0.8	0.100 2	0.375 8
17.82	1.783 8	0.041 5	0.8	0.099 9	0.372 0
22.82	2.277 4	0.040 4	0.8	0.100 2	0.366 0
27.82	2.779 2	0.040 1	0.8	0.100 1	0.360 5
32.82	3.272 2	0.040 0	0.8	0.100 3	0.357 3

表 6-21　$P_1 = 10$ cm 的试验数据

δ/cm	δ/H	实测流量/(m^3/s)	B/m	H/m	实测流量系数 m_0
5.82	0.582 0	0.048 5	0.8	0.100 0	0.443 0
7.82	0.782 0	0.046 6	0.8	0.100 0	0.419 1
9.52	0.950 1	0.045 7	0.8	0.100 2	0.407 0
10.32	1.028 9	0.044 2	0.8	0.100 3	0.396 1
12.82	1.276 9	0.044 0	0.8	0.100 4	0.389 0
13.82	1.382 0	0.042 8	0.8	0.100 0	0.382 0
14.82	1.482 0	0.041 8	0.8	0.100 0	0.376 2
16.82	1.682 0	0.041 8	0.8	0.100 0	0.373 0
17.82	1.783 8	0.041 3	0.8	0.099 9	0.369 7
22.82	2.282 0	0.039 9	0.8	0.100 0	0.364 6
27.82	2.782 0	0.039 9	0.8	0.100 0	0.358 6
32.82	3.272 2	0.039 8	0.8	0.100 3	0.355 8

表 6-22　$P_1=6.7$ cm 的试验数据

δ/cm	δ/H	实测流量/(m³/s)	B/m	H/m	实测流量系数 m_0
5.82	0.579 7	0.048 3	0.8	0.100 4	0.429 0
7.82	0.782 8	0.045 7	0.8	0.099 9	0.408 8
9.52	0.953 9	0.044 3	0.8	0.099 8	0.398 0
10.32	1.035 1	0.043 2	0.8	0.099 7	0.389 4
12.82	1.283 3	0.042 9	0.8	0.099 9	0.383 0
13.82	1.384 8	0.042 1	0.8	0.099 8	0.377 0
14.82	1.483 5	0.041 2	0.8	0.099 9	0.371 4
16.82	1.683 7	0.041 4	0.8	0.099 9	0.368 9
17.82	1.780 2	0.041 2	0.8	0.100 1	0.365 8
22.82	2.282 0	0.039 7	0.8	0.100 0	0.361 5
27.82	2.773 7	0.039 9	0.8	0.100 3	0.355 8
32.82	3.268 9	0.039 8	0.8	0.100 4	0.353 0

表 6-23　$P_1=3.3$ cm 的试验数据

δ/cm	δ/H	实测流量/(m³/s)	B/m	H/m	实测流量系数 m_0
5.82	0.583 8	0.045 5	0.8	0.099 7	0.406 0
7.82	0.784 4	0.043 4	0.8	0.099 7	0.390 0
9.52	0.955 8	0.042 8	0.8	0.099 6	0.384 0
10.32	1.034 1	0.041 5	0.8	0.099 8	0.378 4
12.82	1.279 4	0.041 8	0.8	0.100 2	0.372 0
13.82	1.380 6	0.041 1	0.8	0.100 1	0.367 0
14.82	1.485 0	0.040 4	0.8	0.099 8	0.363 0
16.82	1.683 7	0.040 3	0.8	0.099 9	0.361 0
17.82	1.782 0	0.040 2	0.8	0.100 0	0.358 3
22.82	2.284 3	0.038 7	0.8	0.099 9	0.353 2
27.82	2.779 2	0.039 1	0.8	0.100 1	0.349 7
32.82	3.285 3	0.038 8	0.8	0.099 9	0.347 0

表 6-24 $P_1=2$ cm 的试验数据

δ/cm	δ/H	实测流量/(m^3/s)	B/m	H/m	实测流量系数 m_0
5.82	0.581 4	0.042 8	0.8	0.100 1	0.390 2
7.82	0.781 2	0.043 6	0.8	0.100 1	0.378 0
9.52	0.953 0	0.041 1	0.8	0.099 9	0.374 5
10.32	1.031 0	0.040 9	0.8	0.100 1	0.368 9
12.82	1.284 6	0.041 2	0.8	0.099 8	0.363 6
13.82	1.383 4	0.040 3	0.8	0.099 9	0.361 0
14.82	1.479 0	0.040 5	0.8	0.100 2	0.359 0
16.82	1.682 0	0.040 2	0.8	0.100 0	0.356 9
17.82	1.776 7	0.039 6	0.8	0.100 3	0.353 2
22.82	2.277 4	0.038 5	0.8	0.100 2	0.348 7
27.82	2.782 0	0.038 4	0.8	0.100 0	0.345 0
32.82	3.285 3	0.038 4	0.8	0.099 9	0.343 1

将设计水头 H_d 下,不同的上游堰高 P_1 和堰顶厚度 δ 组合下对应的综合流量系数 m_0(此时 $m_0=m_{0d}$)整理于表 6-25。

表 6-25 WES 型复合堰的综合流量系数(m_{0d})

δ/H_d	P_1/H_d							
	3	2	1.5	1.33	1	0.67	0.33	0.2
0.582	0.453 5	0.453 0	0.452 4	0.450 9	0.443 0	0.429 0	0.406 0	0.390 2
0.782	0.428 1	0.427 6	0.426 7	0.425 6	0.419 1	0.408 8	0.390 0	0.378 0
0.952	0.414 8	0.414 2	0.413 3	0.412 1	0.407 0	0.398 0	0.384 0	0.374 5
1.032	0.402 5	0.401 7	0.401 2	0.400 2	0.396 1	0.389 4	0.378 4	0.368 9
1.282	0.394 5	0.394 0	0.392 8	0.392 0	0.389 0	0.383 0	0.372 0	0.363 6
1.382	0.387 0	0.387 0	0.386 5	0.385 2	0.382 0	0.377 0	0.367 0	0.361 0
1.482	0.381 0	0.381 0	0.379 8	0.378 8	0.376 2	0.371 4	0.363 0	0.359 0
1.682	0.378 0	0.378 0	0.377 0	0.375 8	0.373 0	0.368 9	0.361 0	0.356 9
1.782	0.374 0	0.373 7	0.372 8	0.372 0	0.369 7	0.365 8	0.358 3	0.353 2
2.282	0.367 0	0.367 0	0.366 5	0.366 0	0.364 6	0.361 5	0.353 2	0.348 7
2.782	0.363 0	0.362 0	0.360 9	0.360 5	0.358 6	0.355 8	0.349 7	0.345 0
3.282	0.360 2	0.359 1	0.358 1	0.357 3	0.355 8	0.353 0	0.347 0	0.343 1

由表 6-25 可以看出，在各种上游堰高下，随着 δ/H_d 的增加，综合流量系数 m_{0d} 均呈现不断减小的趋势。对 WES 型复合堰进行实用堰与宽顶堰的划分，从试验数据上分析时主要依据为综合流量系数 m_{0d} 与 δ/H_d 之间的变化关系。用区间(0.582~0.782)表示 δ/H_d 从 0.582 变化到 0.782；用 $\Delta(\delta/H_d)$ 表示在该区间内 δ/H_d 的变化量；用 Δm_{0d} 表示在该区间内综合流量系数 m_{0d} 的变化量。用 m'_{0d} 表示综合流量系数 m_{0d} 随 δ/H_d 增加的变化率，则

$$m'_{0d} = \Delta m_{0d}/\Delta(\delta/H_d) \tag{6-5}$$

式中　$\Delta(\delta/H_d)$——在某区间内 δ/H_d 的变化量，其值取绝对值；

Δm_{0d}——对应于 δ/H_d 的变化区间内，综合流量系数的变化量，其值取绝对值；

m'_{0d}——对应于 δ/H_d 的变化区间内，综合流量系数的变化率。

将 δ/H_d 划分为 11 个变化区间，即(0.582~0.782)、(0.782~0.952)、(0.952~1.032)、(1.032~1.282)、(1.282~1.382)、(1.382~1.482)、(1.482~1.682)、(1.682~1.782)、(1.782~2.282)、(2.282~2.782)、(2.782~3.282)，每种堰高下综合流量系数 m_{0d} 随 δ/H_d 的变化率见表 6-26。

表 6-26　综合流量系数变化率 m'_{0d}

δ/H_d	P_1/H_d							
	3	2	1.5	1.33	1	0.67	0.33	0.2
(0.582~0.782)	0.127 0	0.127 0	0.128 5	0.126 5	0.119 5	0.101 0	0.080 0	0.061 0
(0.782~0.952)	0.078 2	0.078 8	0.078 8	0.079 4	0.071 2	0.063 5	0.035 3	0.020 6
(0.952~1.032)	0.153 8	0.156 3	0.151 3	0.148 8	0.136 3	0.107 5	0.070 0	0.070 0
(1.032~1.282)	0.032 0	0.030 8	0.033 6	0.032 8	0.028 4	0.025 6	0.025 6	0.021 2
(1.282~1.382)	0.075 0	0.070 0	0.063 0	0.068 0	0.070 0	0.060 0	0.050 0	0.026 0
(1.382~1.482)	0.060 0	0.060 0	0.067 0	0.064 0	0.058 0	0.056 0	0.040 0	0.020 0
(1.482~1.682)	0.015 0	0.015 0	0.014 0	0.015 0	0.016 0	0.012 5	0.010 0	0.010 5
(1.682~1.782)	0.040 0	0.043 0	0.042 0	0.038 0	0.033 0	0.031 0	0.027 0	0.037 0
(1.782~2.282)	0.014 0	0.013 4	0.012 6	0.012 0	0.010 2	0.008 6	0.010 2	0.009 0
(2.282~2.782)	0.008 0	0.010 0	0.011 2	0.011 0	0.012 0	0.011 4	0.007 0	0.007 4
(2.782~3.282)	0.005 6	0.005 8	0.005 6	0.006 4	0.005 6	0.005 6	0.005 4	0.003 8

由表 6-26 可以看出：在各种 P_1/H_d 下，WES 型复合堰的综合流量系数变

化率随着 δ/H_d 的增加均呈现不断减小的趋势。当 δ/H_d 较小时，随 δ/H_d 的增加，综合流量系数变化率相对来说是比较大的，当 δ/H_d 增加到 2 左右时，综合流量系数变化率已减小到 0. 01，例如 $P_1/H_d=1.33$ 下，δ/H_d 由 1. 782 到 2. 282，综合流量系数的变化率为 0. 012 0；当 δ/H_d 较大时，综合流量系数的变化率很小，基本都在 0. 01 以内，如 $P_1/H_d=1.33$ 下，δ/H_d 由 2. 782 到 3. 282，综合流量系数的变化率为 0. 006 4。

此外，改变堰上水头 H（分别取 2 cm、4 cm、6 cm、8 cm、12 cm、13 cm），进行不同体形组合下（堰顶厚度 δ 选取 5 组值：7. 82 cm、12. 82 cm、17. 82 cm、22. 82 cm、27. 82 cm；上游堰高 P_1 取表 6-4 中全部值）的放水试验，将变水头试验所得综合流量系数 m_0 与定水头试验数据综合分析，研究各相对堰高 P_1/H_d 下，综合流量系数 m_0 随相对堰顶厚度 δ/H 的变化情况（见图 6-40）。

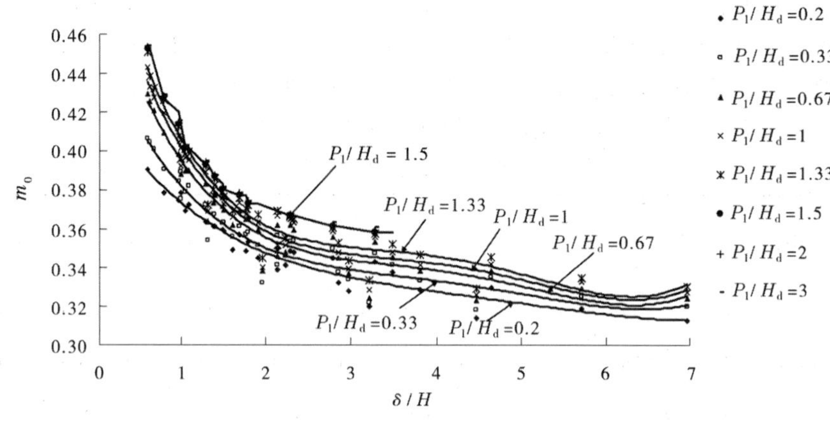

图 6-40 δ/H 与 m_0 的变化关系

由试验得到的各种 P_1/H_d 与 δ/H 对应下的综合流量系数可以看出：在各种上游相对堰高 P_1/H_d 下，WES 型复合堰的综合流量系数随 δ/H 的增加不断减小。当堰顶相对厚度 $\delta/H<2$ 时的各种体形组合，随 δ/H 的增加综合流量系数 m_0 减小趋势较快，变化率较大；当 $\delta/H>2$ 时的各体形组合，随 δ/H 的增加综合流量系数 m_0 的减小趋势变缓，变化率较小，由图 6-40 可发现 $\delta/H=2$ 前后两段 m_0 的变化率大小有显著的差异，可知堰的相对厚度对过堰水流的影响发生明显改变。

同时，结合试验时所测水面线及对过流情况观察可以发现：在 $\delta/H<2$ 时的各种体形组合，过堰水流如图 6-41（a）所示，流线没有突跌是一条顺滑的曲线，过堰水流主要是在重力的作用下泄向下游，堰顶对过流无明显顶托作用，

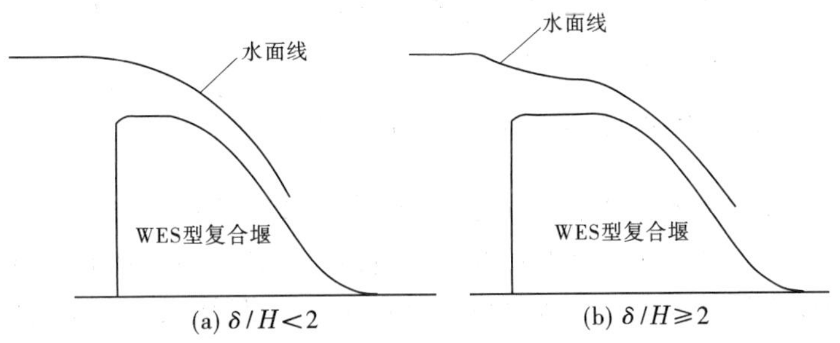

(a) $\delta/H<2$　(b) $\delta/H\geqslant 2$

图 6-41　WES 型复合堰的过流情况示意图

过堰水流流态与实用堰的较为相像。而在 $\delta/H\geqslant 2$ 时的各种体形组合,过堰水流如图 6-41(b)所示,流线在堰的进口处和堰顶末端出现两次明显的跌落,堰顶段对过流的顶托作用十分明显,有一小段水流与堰顶近似平行,过堰水流流态更符合宽顶堰的特征。

综上所述,我们认为 WES 型复合堰在 $\delta/H<2$ 和 $\delta/H\geqslant 2$ 前后堰流形式发生了改变,$\delta/H<2$ 时符合实用堰的特征,而 $\delta/H\geqslant 2$ 时符合宽顶堰的特征。因此,将 WES 型复合堰在 $\delta/H<2$ 时划分为实用堰,在 $\delta/H\geqslant 2$ 时划分为宽顶堰是比较合理的。

此外,各组合下 WES 型复合堰的综合流量系数见表 6-25。由表 6-25 还可以发现:δ/H_d 的变化对综合流量系数 m_{0d} 的影响与 P_1/H_d 也有关系。当 δ/H_d 从 0.582 变化到 3.282 时,随 P_1/H_d 的增加,综合流量系数的相对变化量£ m_{0d} 逐渐增加直至基本稳定,如表 6-27 所示。

表 6-27　综合流量系数的相对变化量(£ m_{0d})

P_1/H_d	3	2	1.5	1.33	1	0.67	0.33	0.2
£ m_{0d}/%	25.9	26.1	26.3	26.2	24.5	21.5	17.0	13.7

表 6-27 中

$$£\, m_{0d} = |m_{0d2} - m_{0d1}|/m_{0d1} \tag{6-6}$$

式中　m_{0d1}——δ/H 变化区间开始点对应的综合流量系数;

m_{0d2}——δ/H_d 变化区间结束点对应的综合流量系数;

£ m_{0d}——综合流量系数的相对变化量。

在 δ/H_d 从 0.582 变化到 3.282 的情况下,由表 6-27 可以清楚地看出,当 $P_1/H_d=0.2$ 时,综合流量系数的相对变化量£ m_{0d} 为 13.7%;随 P_1/H_d 的不断增加,综合流量系数的相对变化量£ m_{0d} 逐渐增加;当 $P_1/H_d>1.33$ 时,综合流量系数的相对变化量£ m_{0d} 基本稳定在 26%左右，可见当 P_1/H_d 较大时，其变化对综合流量系数相对变化量的影响不大。

6.3.2　WES 型复合堰高堰及低堰的划分

除上文提到的 δ/H 外，P_1/H_d 是影响过流堰泄流能力的又一主要因素。人们通常根据堰高对堰的水力要素的影响将堰划分为高堰和低堰，其中对于高堰水力要素的研究可以忽略堰高的影响，而对于低堰水力要素的研究则不能忽略堰高的影响。判别过流堰是高堰还是低堰，目前有以下两种标准：

(1)当堰高增大到一定值，堰前流速很小，流速水头远远小于堰上总水头，即流速水头在总水头中所占比例很小，可以忽略不计，此时为高堰；反之，当堰高减小到一定值，堰前流速较大，流速水头较大，在总水头中不能忽略，此时为低堰。

(2)当堰高增大到一定值，影响泄流能力的各水力要素不再随堰高改变而变化，此时为高堰；反之，当堰高减小到一定值，影响泄流能力的各水力要素随堰高改变有明显变化，此时为低堰。

以上提到的判别高、低堰的两种标准是从不同的角度界定的，相差较大。因此，认为对过流堰进行高堰和低堰的划分是为了更好地研究堰高这一因素对过流能力的影响，从而当堰高达到某一程度时可以略去这一影响因素，使得研究更加简化，一些成果如流量系数计算公式的运用更加方便。因此，本书以第二种标准判别高、低堰比较适宜，在对 WES 型复合堰的研究中采取以综合流量系数这一能反映过流能力的主要水力要素作为依据，来对 WES 型复合堰进行高堰和低堰的划分。

以往关于 WES 堰高、低堰划分的研究表明，当上游相对堰高 $P_1/H_d \geq 1.33$ 时，若堰高继续增加，过堰水舌的轨迹不再发生明显变化，流量系数也不再随堰高 P_1 而变，因此将之作为高、低堰的划分界限。这种划分是针对特定堰型进行的，对于既定设计水头 H_d，WES 堰剖面曲线是固定的，因此这种划分是针对标准 WES 堰且只考虑了上游堰高 P_1 的变化影响。对于本书研究的由 WES 堰演变而来的 WES 型复合堰，除上游堰高 P_1 外，堰顶厚度 δ 也是可变的，使堰的体形变化增加了新的影响因素。为了研究高、低堰的界限与 δ 的变化有无关系，选取堰上水头 $H=H_d=10$ cm 时各种体形组合下的流量系数变化情况进行分析。由试验结果发现：随着相对堰顶厚度 δ/H_d 的变化，以上游相对堰高表示的高、低堰界限值 $(P_1/H_d)_{sk}$ 也是变化的。以堰上水头等于设计水头即 $H=H_d=10$ cm(此时 $m_0=m_{0d}$)为例，如图 6-42 所示。

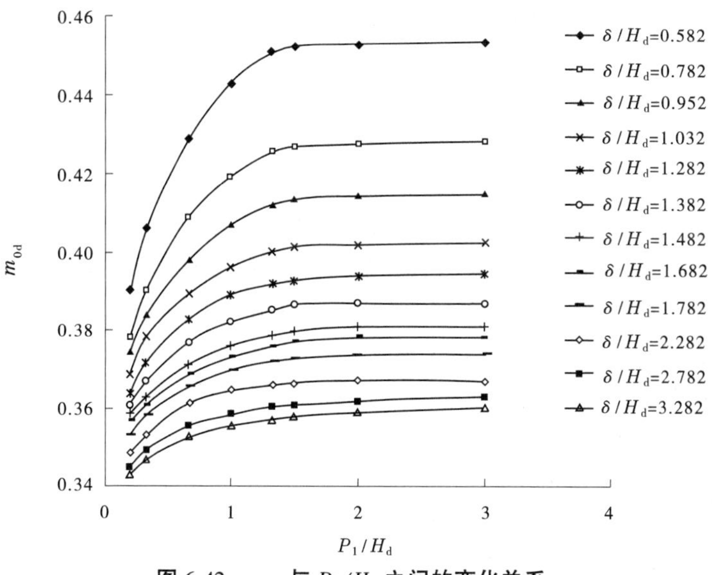

图 6-42　m_{0d} 与 P_1/H_d 之间的变化关系

当 δ/H_d 较小(如 $\delta/H_d=0.582$)时,P_1/H_d 增大到 1.5 后,WES 型复合堰的综合流量系数基本稳定,不再随 P_1/H_d 的增加而变化,这符合高堰的判别标准,认为此时进入了高堰范围,则高、低堰的界限值 $(P_1/H_d)_{sk}=1.5$。随着 δ/H_d 的增大,综合流量系数基本稳定的拐点所对应的 P_1/H_d 值逐渐增大。当 $\delta/H_d=1.782$ 时,P_1/H_d 要增大到 2 后综合流量系数才保持稳定,此时高、低堰的界限值 $(P_1/H_d)_{sk}=2$。可见,在试验范围内,作为高、低堰界限的 $(P_1/H_d)_{sk}$ 值是随着 δ/H_d 的增加而变大的。由此,我们认为 WES 型复合堰高、低堰的界限不仅与上游相对堰高 P_1/H_d 有关,同时也受相对堰顶厚度 δ/H_d 的影响。根据试验结果,给出将 WES 型复合实用堰划分为高、低堰界限值的拟合公式:

$$(P_1/H_d)_{sk} = 1.23e^{0.27(\delta/H_d)} \tag{6-7}$$

式中　脚注“sk”——高、低堰的界限值;

P_1——上游堰高,m;

H_d——设计水头,m;

δ——堰顶厚度,m。

公式的适用范围为 $0.282\leqslant\delta/H_d<2$[当 $\delta/H_d=0.282$ 时,即为标准 WES 实用堰,此时 $(P_1/H_d)_{sk}=1.33$,当 $\delta/H_d>2$ 时为宽顶堰],在此范围内满足 $P_1/H_d\geqslant(P_1/H_d)_{sk}$ 的为高堰,否则为低堰。综上所述,对于 WES 型复合堰可先判别其为实用堰还是宽顶堰,然后根据高、低堰的界限进一步判别其为高堰还是低堰,如此可将 WES 型复合堰划分为实用堰(低堰)、实用堰(高堰)和宽顶堰。

6.4　流量计算方法研究

标准堰型在实际工程中的应用较多,其流量系数相关的研究成果也较多。以往对于流量系数的研究都是针对某一特定堰型进行的,一些流量系数计算公式及相关成果也是由既定堰型得出的。但实际工程中受多种因素的影响,堰型很多情况下是在标准堰型的基础上经过改动衍变而成的,由于堰型的改变原有标准堰的计算公式或图表已不能很好地满足应用的需求,国内一些学者已开始对实际工程中应用较多的非标准堰的泄流能力进行试验研究。本书对于 WES 型复合堰流量系数的研究,适用于由 WES 堰通过改变上游堰高或改变堰顶厚度衍变而来的新体形。

以往针对特定堰型进行的流量系数的研究,只是将堰顶厚度作为一个范围值来考虑(如将堰型划定为实用堰时,在此范围内就不再考虑 δ/H 的影响了),其综合流量系数可表示为

$$m_0 = f(H/H_d, P_1/H_d) \tag{6-8}$$

而由对 WES 型复合堰的研究分析可知,堰顶厚度这一因素对 WES 型复合堰的流量系数显然是有影响的,因此 WES 型复合堰的综合流量系数更合理的表示应该为

$$m_0 = f(H/H_d, P_1/H_d, \delta/H) \tag{6-9}$$

由于本书试验数据的限制,这里只给出了设计水头下($H=H_d$)WES 型复合堰综合流量系数的拟合公式:

WES 型复合实用堰(低堰)

$$m_{0d} = (0.4639 - 0.057\delta/H_d)(P_1/H_d)^{0.0435} \tag{6-10}$$

WES 型复合实用堰(高堰)

$$m_{0d} = 0.4762 - 0.0616\delta/H_d \tag{6-11}$$

WES 型复合宽顶堰

$$m_{0d} = (0.3657 - 0.0038\delta/H_d)(P_1/H_d)^{0.0213} \tag{6-12}$$

式中　m_{0d}——设计水头下综合流量系数;

δ——堰顶厚度,m;

其他符号含义同前。

式(6-10)的适用范围为 $0.282 \leq \delta/H_d < 2$,$P_1/H_d < (P_1/H_d)_{sk}$;式(6-11)的

适用范围为 $0.282 \leqslant \delta/H_d < 2, P_1/H_d \geqslant (P_1/H_d)_{sk}$；式(6-12)的适用范围为 $2 \leqslant \delta/H_d \leqslant 3, 0 < P_1/H_d \leqslant 3$。

由式(6-10)~式(6-12)计算的综合流量系数与试验实际测量的数值相对误差最大值分别为-3.3%、2.8%、-2.1%，均不超过±5%，满足精度要求。

式(6-10)~式(6-12)虽是在设计水头下推求的，但将定水头及变水头试验所得的所有实测数据代入公式，结果显示，当堰上水头 H 与设计水头比较接近($0.8H_d \leqslant H \leqslant 1.3H_d$)时，以堰上水头代替设计水头计算所得的流量系数与实测数据误差也均在±5%以内，即当 $0.8H_d \leqslant H \leqslant 1.3H_d$ 时，以上公式同样适用。因此，式(6-10)~式(6-12)有较好的实用性，对实际工程中流量系数的选取也有较高的参考价值。

6.5　结　论

本章通过改变 WES 型复合堰的上游堰高和堰顶厚度形成不同的体形组合，通过对不同体形组合下 WES 型复合堰综合流量系数、过流流态、堰面压力等方面的研究，揭示了新型 WES 型复合堰的过流特征与变化规律，提出新型 WES 型复合堰划分的技术标准，建立了新型 WES 型复合堰的流量计算方法。具体结论如下：

(1) WES 型复合堰的过流流态主要是受上游堰高影响，上游堰高越低，上游水面波动越明显，不均匀水股较多，过流条件越差；上游堰高越高，上游水面越平稳，过堰水流也越平顺。

(2) 在堰上水头逐渐提升的条件下测得了 WES 型复合堰的堰面压力情况随着 H/H_d 的升高，堰面最大负压的位置由 4 号测点向上游移动至 2 号测点，堰面 WES 曲线的前部(1、2、3 测点)压力先升后降，中部(4 测点)一直下降，直线段部分(5、6、7 测点)压力一直升高。

(3) 在设计水头下，WES 型复合堰的综合流量系数 m_{0d} 随着 δ/H_d 的增加不断减小，随着 P_1/H_d 的增加逐渐增加直至基本保持不变。

(4) 对 WES 型复合堰堰型进行了划分，根据过堰水流流态及综合流量系数的变化情况，将 $\delta/H<2$ 时的各种组合划分为 WES 型复合实用堰，将 $\delta/H \geqslant 2$ 时的各种组合划分为 WES 型复合宽顶堰，并在高堰和低堰的划分中引入堰顶厚度 δ 的影响，根据试验结果给出 WES 型复合实用堰的高、低堰的划分界限，将 WES 型复合实用堰划分为 WES 型复合实用高堰和 WES 型复合实用低堰及宽顶堰。

(5)按堰型划分结果分别给出设计水头下对应的综合流量系数的计算公式,并给出了相应的适用范围。

(6)随着全国范围内对中小型水利工程的除险加固的进行,实际工程中出现了许多新的堰型,其中复合堰就是比较突出的一种新堰型。复合堰在施工、经济等方面具有明显优势,所以对复合堰相关理论的研究具有重要意义。为了研究复合堰的水力特性以保证工程安全,人们已经进行了很多试验研究,但由于关于复合堰的研究起步晚,相关理论比较匮乏,以往的研究局限于单一堰型即相同堰高、固定的堰顶厚度,所以现有的成果都不太成熟。

复合堰在实际工程中的广泛应用,必然会引导相关理论的不断发展。作者认为今后关于复合堰的研究会向更宽广的范围进行,关于横向不同堰型的复合或纵向不同堰型的复合的研究会越来越深入,可以进行更大范围的复合堰变上、下游堰高,变堰宽、变工况等,研究泄流能力与体形变化之间的关系,积累更多复合堰水力特性的规律性成果,使复合堰的理论研究更加丰富。

随着各种相关理论研究的不断深入,复合堰的相关理论也会逐渐丰富并且日臻完善。一旦关于复合堰的理论、设计、施工等方面的研究成熟起来,形成一定的规范,在全国范围的除险加固等实际工程中,在适合的条件下,会出现越来越多的复合堰服务于人们的生产与生活。

第 7 章　总结与展望

本书以水工建筑物过流性能变尺度相似模拟研究与工程应用为统领，紧跟生产发展需要开展研究，为河南水利发展提供了有力支撑。结合《黄河流域水利发展十五计划和 2010 年规划》对河口村水库整体和泄洪洞、导流洞单体进行了水工模型试验研究；围绕治淮重点工程和国务院 172 项重大水利工程开展了燕山水库水工模型试验、前坪水库水工模型试验研究；根据南水北调中线工程黄河北左岸排水倒虹吸设计需求，开展了小庄沟、老道井水工模型试验；抢抓全国病险水库除险加固机遇，对鸭河口水库 1#、2#溢洪道典型工程进行了研究，发现 WES 堰在顺水流方向拓宽堰顶衍变为一种新的复合堰，并由此深入开展了 WES 型复合堰的研究。

本书研究自 2003 年 10 月起，至 2020 年 12 月结束，历时 17 年，投入科研资金约 920 万元，完成了项目研究任务，实现了项目研究目标，解决了项目研究的技术关键和技术难点，取得了丰富的创新性成果。

7.1　总　结

7.1.1　研究成果

通过对不同体形、不同比尺水工建筑物的过流能力、流速流态、水面线、堰面压力和冲刷消能的研究，建立了建筑物模型比尺-过流性能之间的相互关系，揭示了模型比尺对建筑物水力特性的影响规律，为开展水工程研究与建设提供了技术支持；另外，对新型 WES 型复合堰进行变尺度相似模拟研究，揭示了该堰型过流流态的演变规律，提出了 WES 型复合实用堰与复合宽顶堰及高堰与低堰的划分标准，建立了流量的计算方法。具体研究成果如下。

7.1.1.1　关于水力特性的研究

(1)建立了水流性能参数与模型比尺的关系规律，提出了确定模型比尺的原则和方法；模型的大小一般除考虑相似性外，还受场地、流量、材料、时间及经济条件等的限制，因此比尺不能太大，也不能太小，必须保证模型中的流态和原型中的流态的相似性以达到试验要求。将原体缩小制成模型，必须使模型与原型的水流相似。在模型比尺的选取上,应对试验的目的、试验场地的面积、供给的流量及需用的材料、费用、时间等做通盘考虑,来选用适当比尺,根据多个试验模型的研究提出闸、坝、溢洪道模型比尺多可在 $L_r = 20 \sim 100$ 之间选取,模型大时,不妨把比例放大到 $L_r = 40 \sim 60$,管道模型比尺尽量在 $L_r = 15 \sim 25$ 之间选取。

(2)建立了建筑物模型比尺-过流性能之间的相互关系,揭示了模型比尺对建筑物水力特性的影响规律;当比尺在 1:40~1:90 之间发生变化情况下,不同比尺泄洪洞、溢洪道的流态基本一致,而流速随着比尺的增加略有增大。压力、流量系数在比尺变化时差异性不大,水面线大比尺与小比尺相比略有减小。

(3)揭示了变尺度糙率模拟对流量测定误差的影响变化规律;采用 1:40 和 1:90 两种比尺对前坪水库泄洪洞泄流能力进行研究时可发现,当模型糙率比尺满足要求时,泄洪洞的流量系数变化不大。采用 1:50 和 1:90 两种比尺对前坪水库溢洪道泄流能力进行研究时,发现糙率比尺满足要求时,溢洪道的流量系数变化不大。分析流量系数的变化主要是由于体形的变化带来一定的影响。

7.1.1.2 关于动床模拟的研究

大量的对比资料证明,模型试验所测冲刷坑的范围、形状、大小、深度等与工程实际的冲刷情况是吻合的。但由于河床岩基强度、节理裂隙分布、切割深度、岩石产状、胶结状态等因素极其复杂,无法在实验室真实缩制。再者,动水的作用力在裂隙中的传递和岩块的解体过程也无法用试验手段真实模拟。所以,动床模型试验是在做了简化和假设的情况下进行的,因此无论是在理论上还是在实际应用中都存在着许多不足。通过近年来,我们做的多个动床模型试验研究分析,建立了一套变尺度河床基质模拟方法,实现了冲刷动态演变模拟。具体研究结论如下:

(1)使用抗冲流速相似法模拟岩基时,岩石和人工护面渠槽不冲流速 v' 选取时受下游水深影响较大,可通过动床试验或者计算得到冲刷坑附近的水深,然后再通过不冲流速 v' 确定模型中散粒体的粒径,尽量减少试验带来的不利影响。

(2)覆盖层模拟采用岩块几何尺寸缩制法较为简便,通过岩块几何尺寸缩制,对比原型砂和模型砂颗粒级配曲线,可以得到较好的效果。对于水工模型试验,在选择模型材料时,模型砂的容重最好和原型砂的容重一致,尽量减小缩尺效应带来的不利。

(3)实际工程中,当河床岩基被动水解体形成岩块后,其抗冲能力大大低于岩基自身,很容易被水流带往冲刷坑下游远处。而动床模型试验一般是按河床岩基的抗冲能力来选择散粒体,散粒体的粒径大小反映了岩基的强度、裂隙稀疏、胶结程度等,试验时散粒体并不会被解体,因而其抗冲流速未变,不会被水流带到很远的地方,通常在冲刷坑附近。

(4)水工模型试验一般是按重力相似定律进行模型制作和测试的。在动床模型试验中,模型、流量等是按比例进行缩制的,但糙率却无法按相应的比例进行缩制。因为动床试验主要是研究河床冲刷,大都用石子来作为冲刷段模型的材料,致使模型的糙率偏大。流量不变情况下糙率偏大,使得流速偏小,导致水面线偏高,与实际的水面线有一定的偏差。

(5)由于地质条件的严格模拟非常困难、原型的非恒定流泄洪过程难以完全模拟、模拟受掺气的影响很大,因此利用水力学模型试验准确预测原型的冲刷还有一定的困难,须与原型观测、三维水汽两相流数学模型研究结合起来,建立掺气与冲刷之间的关系,仍需继续进行理论探索和试验模拟研究。

(6)虽然水工建筑物的设计过程中,已经考虑到下游冲刷的问题,但在实际运行过程中,冲刷现象仍是一个不可避免的问题。因此,当水工建筑物下游发生冲刷破坏后,应及时组织调查,分析破坏原因,做好维修处理,确保建筑物安全。

7.1.1.3　关于 WES 型复合堰的研究

(1)揭示了新型 WES 型复合堰的过流特征与变化规律。WES 型复合堰的过流流态主要受上游堰高影响,上游堰高越低,上游水面波动越明显,不均匀水股较多,过流条件越差;上游堰高越高,上游水面越平稳,过堰水流也越平顺;在各种堰顶厚度 δ 和上游堰高 P_1 组合下,堰上水头和设计水头之比 H/H_d 对堰面压力的影响十分显著,在堰上水头逐渐提升的条件下测得了 WES 型复合堰的堰面压力情况随着 H/H_d 的升高,堰面最大负压的位置由 4 号测点向上游移动至 2 号测点,堰面 WES 曲线的前部(1、2、3 测点)压力先升后降,中部(4 测点)一直下降,直线段部分(5、6、7 测点)压力一直升高;关于堰面负压,溢洪道设计规范的容许值为 -6×9.81 kPa,本试验中 WES 型复合堰的各种组合下的堰面负压均不大,没有出现危及坝体安全的负压情况,能满足泄洪安全要求;在设计水头下,WES 型复合堰的综合流量系数 m_{0d} 随着 δ/H_d 的增加不断减小,随着 P_1/H_d 的增加逐渐增加直至基本保持不变。

(2)提出新型 WES 型复合堰划分的技术标准。对 WES 型复合堰堰型进行了划分,根据过堰水流流态及综合流量系数的变化情况,将 $\delta/H<2$ 时的各

种组合划分为 WES 型复合实用堰,将 $\delta/H \geqslant 2$ 时的各种组合划分为 WES 型复合宽顶堰,并在高堰和低堰的划分中引入堰顶厚度 δ 的影响,根据试验结果给出 WES 型复合实用堰的高、低堰的划分界限,将 WES 型复合实用堰划分为 WES 型复合实用高堰和 WES 型复合实用低堰及宽顶堰。

(3)建立了新型 WES 复合堰的流量计算方法。按堰型划分结果分别给出设计水头下对应的综合流量系数的计算公式,并给出了相应的适用范围。

本书研究给出了设计水头($H=H_d$)下 WES 型复合堰综合流量系数的拟合公式:

WES 型复合实用堰(低堰)

$$m_{0d} = (0.463\,9 - 0.057\delta/H_d)(P_1/H_d)^{0.043\,5} \tag{7-1}$$

WES 型复合实用堰(高堰)

$$m_{0d} = 0.476\,2 - 0.061\,6\delta/H_d \tag{7-2}$$

WES 型复合宽顶堰

$$m_{0d} = (0.365\,7 - 0.003\,8\delta/H_d)(P_1/H_d)^{0.021\,3} \tag{7-3}$$

式中 m_{0d}——设计水头下综合流量系数;

δ——堰顶厚度,m;

其他符号含义同前。

式(7-1)的适用范围为 $0.282 \leqslant \delta/H_d < 2$, $P_1/H_d < (P_1/H_d)_{sk}$;式(7-2)的适用范围为 $0.282 \leqslant \delta/H_d < 2$, $P_1/H_d \geqslant (P_1/H_d)_{sk}$;式(7-3)的适用范围为 $2 \leqslant \delta/H_d \leqslant 3$, $0 < P_1/H_d \leqslant 3$。由式(7-1)~式(7-3)计算的综合流量系数与试验实际测量的数值相对误差最大值分别为-3.3%、2.8%、-2.1%,均不超过±5%,满足精度要求。式(7-1)~式(7-3)虽是在设计水头下推求的,但将定水头及变水头试验所得的所有实测数据代入公式,结果显示,当堰上水头 H 与设计水头比较接近($0.8H_d \leqslant H \leqslant 1.3H_d$)时,以堰上水头代替设计水头计算所得的流量系数与实测数据误差也均在±5%以内,即当 $0.8H_d \leqslant H \leqslant 1.3H_d$ 时,以上公式同样适用。因此,式(7-1)~式(7-3)有较好的实用性,对实际工程中流量系数的选取也有较高的参考价值。

7.1.2 创新点

(1)破解了水工变尺度相似模拟的关键技术难题。建立了水流性能参数与模型比尺的关系规律,提出了确定模型比尺的原则和方法;揭示了变尺度糙率模拟对流量测定误差的影响变化规律;建立了变尺度河床基质模拟方法,实现了冲刷动态演变模拟。

①建立了水流性能参数与模型比尺的关系规律,提出了确定模型比尺的原则和方法。模型的大小一般除考虑相似性外,还受场地、流量、材料、时间及经济条件等的限制,因此比尺不能太大,也不能太小,必须保证模型中的流态和原型中的流态的相似性以达到试验要求。将原体缩小制成模型,必须使模型与原型的水流相似。提出了以雷诺数大于4 000来确定模型比尺。以模型中的水深大于1.5 cm,采用量水堰测量水深时,过堰水深大于3 cm来减小缩尺带来的表面张力干扰。以水流表面流速大于0.23 m/s,来满足波浪模拟。提出用最高水位高程的等高线加20 cm模型超高确定横向边界,如水库宽阔,在不影响流态的前提下,可部分截取。提出纵向边界选取以水流流态,在原型和模型间不发生偏差为度,必须特别注意的是模型上、下游水流流态相似。为了消除产生偏差的可能性,必须在模型首部和尾部多截一段非工作段。模型进口非工作段的长度等于模型最大水深的25倍以上为宜,模型出口处可稍短一些。由于场地面积或其他原因,当模型进、出口非工作段不能设置适宜长度时,在进口段设置栅网或者多道花墙以扩散与缓和水流,在出口段设置可调节堰顶的尾部溢水堰等,以求得上、下游流态的相似。从实用上出发,应对试验场地的面积、供给的流量及需用的材料、费用、时间等做通盘考虑,来选用适当比尺。闸、坝、溢洪道模型比尺多可在$L_r=20\sim100$之间选取,模型大时,不妨把比例放大到$L_r=40\sim60$,管道模型比尺尽量在$L_r=15\sim25$之间选取。

②揭示了变尺度糙率模拟对流量测定误差的影响变化规律。模型的阻力组成主要有沙粒(散粒体)阻力、沙坡阻力、河岸及滩面阻力、河槽形态阻力和人工建筑物的外加阻力,其中人工建筑物的外加阻力是水工模型试验研究的内容。在糙率的模拟过程中除考虑人工建筑物外,还要综合考虑原型的实际情况。水工模型试验主要为重力相似,根据建筑物图纸及地质资料,利用有机玻璃糙率为0.007~0.008的特性,对泄洪洞、溢洪道等糙率较小建筑物进行制作;利用净水泥表面糙率为0.010~0.013的特性,对上、下游连接段糙率居中部位进行制作;利用水泥粗砂浆粉面拉毛或用板刮平混凝土,对主河槽两岸山体糙率比较大的部分进行制作。采用上述方法制作,基本能满足阻力相似。其他滩地上的地物、地貌,在模型中也要进行认真塑造,这不仅是制作模型的要求,还是模型加糙的需要,在模拟边界条件的同时也在模拟河道的形态阻力。采用1:40和1:90两种比尺对前坪水库泄洪洞泄流能力进行研究时可发现,当模型糙率比尺满足要求时,泄洪洞的流量系数变化不大。采用1:50和1:90两种比尺对前坪水库溢洪道泄流能力进行研究时,发现糙率比尺满足要求时,溢洪道的流量系数变化不大。分析流量系数的变化主要是由于体形的

变化带来一定的影响。

③建立了变尺度河床基质模拟方法,实现了冲刷动态演变模拟。覆盖层模拟采用岩块几何尺寸缩制法较为简便,通过岩块几何尺寸缩制,对比原型砂和模型砂颗粒级配曲线,可以得到较好的效果。在选择模型材料时,模型砂的容重最好和原型砂的容重一致,尽量减小缩尺效应带来的不利。使用抗冲流速相似法模拟岩基时,岩石和人工护面渠槽不冲流速 v' 选取时受下游水深影响较大,可通过动床试验或者计算得到冲刷坑附近的水深,然后再通过不冲流速 v' 确定模型中散粒体的粒径,尽量减少试验带来的不利影响。采用比尺 1∶60 水工模型对燕山水库下游河道进行冲刷模拟。冲刷坑及以下范围地质岩性为弱-微风化石英砂岩、石英砂岩、薄层状石英砂岩。基岩的节理裂隙、主要特征属于Ⅱ类基岩,抗冲流速为 8~12 m/s。部分地方存在砾岩夹层抗冲流速约为 4.5 m/s,另有断层及其影响带一般裂隙发育、岩体破碎。此范围属于Ⅳ类基岩,抗冲流速约为 3 m/s。还有部分安山岩,属于Ⅱ~Ⅲ类基岩,抗冲流速约为 8 m/s。综合考虑,采用不同粒径的散粒砾石模拟不同的地质岩性,通过基岩的抗冲流速选取模型砂。同一洪水、同一岩基抗冲流速下,溢洪道沿程水面线波动明显,各断面处均有低点出现,高点情况类似,不同的工况下差异性较大。不同岩基抗冲流速下,冲刷坑附近的水面线变化较为明显,如 100 年一遇洪水,0+155 断面水面线最大相差 6.53 m;5 000 年一遇洪水 0+211.56 断面水面线相差 7.43 m。随着冲刷的不同演进,定床、不同基岩抗冲流速下的动床水面线变化较大,因此冲刷坑下游所测水面线作为参考的意义较大,对于边墙的高度评估还需要综合分析。采用比尺 1∶80 水工模型对河口村水库下游冲刷进行模拟。地质情况显示,冲刷坑附近存在 30 m 左右的覆盖层,覆盖层之下为花岗片麻岩。河床基质选取时,对于覆盖层按照筛分试验,按照岩块几何尺寸缩小法选取,对于基岩按照抗冲流速法选取。通过对河口村水库溢洪道的优化布置,各级工况下,溢洪道挑射水流偏向下游,水舌扩散良好,挑距减小,冲刷坑深度减小,冲刷坑形状由原来的细长形变为偏圆形,在保证冲刷坑后坡稳定的基础上,减轻了挑流对右岸岸坡的冲刷,但右岸仍是工程防护的重点。采用比尺 1∶90 水工模型对前坪水库冲刷进行研究,根据地质条件,采用岩块几何尺寸缩制法和基岩抗冲流速相结合的综合模拟方法,对下游河床进行模拟,对 50 年一遇、500 年一遇、5 000 年一遇等特征洪水进行预演,冲刷后冲刷坑的形状呈现圆形,冲刷坑后边坡稳定。

(2)创建了新型 WES 型复合堰的整套技术理论体系。揭示了新型 WES 复合堰的过流特征与变化规律;提出新型 WES 型复合堰划分的技术标准;建立了新型WES型复合堰的流量计算方法。

①揭示了新型WES型复合堰的过流特征与变化规律。WES型复合堰的过流流态主要是受上游堰高影响,上游堰高越低,上游水面波动越明显,不均匀水股较多,过流条件越差;上游堰高越高,上游水面越平稳,过堰水流也越平顺;在各种堰顶厚度δ和上游堰高P_1组合下,堰上水头和设计水头之比H/H_d对堰面压力的影响十分显著,在堰上水头逐渐提升的条件下测得了WES型复合堰的堰面压力情况随着H/H_d的升高,堰面最大负压的位置由4号测点向上游移动至2号测点,堰面WES曲线的前部(1、2、3测点)压力先升后降,中部(4测点)一直下降,直线段部分(5、6、7测点)压力一直升高;关于堰面负压,溢洪道设计规范的容许值为-6×9.81 kPa,本试验中WES型复合堰的各种组合下的堰面负压均不大,没有出现危及坝体安全的负压情况,能满足泄洪安全要求;在设计水头下,WES型复合堰的综合流量系数m_{0d}随着δ/H_d的增加不断减小,随着P_1/H_d的增加逐渐增加直至基本保持不变。

②提出新型WES型复合堰划分的技术标准。对WES型复合堰堰型进行了划分,根据过堰水流流态及综合流量系数的变化情况,将$\delta/H<2$时的各种组合划分为WES型复合实用堰,将$\delta/H\geqslant2$时的各种组合划分为WES型复合宽顶堰,并在高堰和低堰的划分中引入堰顶厚度δ的影响,根据试验结果给出WES型复合实用堰的高、低堰的划分界限,将WES型复合实用堰划分为WES型复合实用高堰和WES型复合实用低堰及宽顶堰。

③建立了新型WES复合堰的流量计算方法。按堰型划分结果分别给出设计水头下对应的综合流量系数的计算公式,并给出了相应的适用范围。具体公式参见式(7-1)~式(7-3)。

7.2　展　望

本书研究所形成的关键技术与成果,目前已经在河南省燕山水库、河口村水库、鸭河口水库、前坪水库和南水北调中线工程等十余项国家级和省级重点工程中广泛应用,推动了行业进步,经济社会效益显著,具有广阔前景和推广价值。本书成果今后应该努力的方向主要体现在以下两个方面:

(1)进一步进行动床模拟理论探索和试验模拟研究,把模型试验与原型观测、三维水汽两相流数学模型研究结合起来,建立掺气与冲刷之间的关系,完善相关理论体系。

(2)进一步完善和提高WES型复合堰的水力特性与体形变化之间的理

论研究。复合堰在实际工程中的广泛应用,必然会引导相关理论的不断发展。复合堰的研究会向更宽广的范围进行,对于横向不同堰型的复合或纵向不同堰型的复合的研究会越来越深入,可以进行更大范围的复合堰变上下游堰高、变堰宽、变工况等,研究泄流能力与体形变化之间的关系,积累更多复合堰水力特性的规律性成果,使复合堰的理论研究更加丰富。

参考文献

[1] 中国河湖大典编纂委员会. 中国河湖大典综合卷[M]. 北京:水利水电出版社,2014.

[2] 吴强,张岚,张岳峰,等. 数说 70 年水利发展成就[J]. 水利发展研究,2019,10.

[3] 河南省水利志编纂委员会. 河南省水利志[M]. 郑州:河南人民出版社,2017.

[4] 黄伦超,许光祥. 水工与河工模型试验[M]. 郑州:黄河水利出版社,2008.

[5] 夏毓常,张黎明. 水工水力学原型观测与模型试验[M]. 北京:中国电力出版社,1999.

[6] 严祖文,魏迎奇,张国栋. 病险水库除险加固现状分析及对策[J]. 水利水电技术,2010,41(10):76-79.

[7] 盛金保,沈登乐,傅忠友. 我国病险水库分类和除险技术[J]. 水利水运工程学报,2009(4):116-121.

[8] 张士辰,杨正华,郭存杰. 我国病险水库除险加固管理对策研究[J]. 水利水电技术,2010,41(4):82-86.

[9] 南京水利科学研究院. 水工(常规)模型试验规范:SL 155—2012[S]. 北京:中国水利水电出版社,2012.

[10] 中国水利水电科学研究院. 水工(专题)模型试验规程[M]. 北京:中国水利电力出版社,1995.

[11] 吴持恭. 水力学[M]. 北京. 高等教育出版社,2008.

[12] Hay N, Taylor G. Performance and Design of Labyrith Weirs[J]. Journal. Hyd. ASCE, November, 1970:2337-2357.

[13] Darvas Loais A. Performance and Design of labyrinth Weirs-Diseussio n[J]. Journal of the Hydraulic Dieision, ASCE, 1971(8):1246-1251.

[14] Tullis J Paul, Amanian Nosratoliah. Design methodology of llabyrinth Weirs[J]. Journal of Hydraulic Engineering, 1995, 121(3):247-255.

[15] 刘世和. 高速水流[M]. 北京:科学出版社,2005.

[16] 刘沛清,刘心爱,李福田. 消力池底板块的失稳破坏机理及其防护措施[J]. 水力学报,2001(9):1-9.

[17] 李纯良. 定床加糙的试验研究[J]. 华北水利水电学院学报,1991(3):59-64.

[18] 张小琴,包为民,梁文清,等. 河道糙率问题研究进展[J]. 水力发电,2008,34(6):98-100.

[19] 孙东坡,李全家. 水力模型制作的一种新型加糙方法[J]. 人民长江,2014,45(3):87-89.

[20] 赵海镜,田世民,王鹏涛,等. 水工模型试验中的草垫加糙方法研究[J]. 水力发电学报,2015,34(4):77-82.

[21] 朱代臣,孙贵洲,柴晓玲,等. Y 型加糙体水力阻力试验研究[J]. 长江科学院院报,

2008,25(1):5-7.

[22] 尚国秀,张永玲,顾兴龙,等. 玻璃水槽糙率与明渠流态关系试验研究[J]. 水利经济与科技,2019,25(2):47-48.

[23] 梁斌,陈先朴,邵东超,等. 大变态非恒定流河工模型的加糙技术[J]. 水利水电技术,2001,32(10):26-28.

[24] 侯志军,侯佼建,孙一. 定床模型糙率模拟试验研究[J]. 人民黄河,2014,36(2):13-15.

[25] 王涛,郭新蕾,李甲振,等. 河道糙率和桥墩壅水对宽浅河道行洪能力影响的研究[J]. 水利学报,2019,50(2):175-183.

[26] M Asim,王龙,郑钧,等. 明渠试验加糙方法研究[J]. 水利水电技术,2008,39(2):67-70.

[27] 李鹏飞,文恒,李智峰. 模型明槽柔性加糙相对糙率的确定[J]. 水科学与工程技术,2005(6):10-12.

[28] 邬年华,黄志文,刘同宦. 鄱阳湖实体模型定床相似关键技术研究[J]. 江西水利与科技,2012,38(4):219-223.

[29] 杨开林,汪易森. 渠道糙率率定误差分析[J]. 水利学报,2012,43(6):639-644.

[30] 夏毓常. 岩基挑流冲刷原型观测与模型试验比较分析[J]. 长江科学院院报,1996,013(4):6-10.

[31] 邓军,许唯临,曲景学,等. 基岩冲刷破坏特征分析[J]. 四川大学学报(工程科学版),2002,34(6):32-35.

[32] 戴梅,何世堂,陈新桥. 用原型允许流速模拟岩基冲刷方法的探讨[J]. 水利水电技术,2005,36(4):91-92.

[33] 杨晓,王均星,刘骁,等. 出山店水库泄水闸局部冲刷及动床模拟试验研究[J]. 中国农村水利水电,2017(6):125-129.

[34] 倪志辉,王明会,易静. 白石窑坝下河段冲淤演变动床试验[J]. 重庆交通大学学报(自然科学版),2014,33(4):84-89.

[35] 王玉海,蒋卫国,王艳红. 冲刷物理模型试验的比尺效应研究[J]. 泥沙研究,2012(3):31-34.

[36] 孙五继,焦爱萍,张耀先,等. 高坝挑射水流对岩石河床冲刷的研究综述[J]. 水利水电技术,2005,36(7):38-42.

[37] 刘国贵,刘国华,陈斌. 红石岩水电站工程动床[J]. 水力发电,2005,31(6):27-28.

[38] 王亚洲,王均星,周招,等. 新集水电站泄洪消能防冲刷优化研究[J]. 中国农村水利水电,2019(8):197-203.

[39] 商艾华,郭维东,孟繁星,等. 复合堰流量计算[J]. 人民长江,2007,38(4):136-137.

[40] 商艾华,郭维东,孟繁星,等. 复合堰流量系数的试验研究[J]. 安徽农业科学,2007,35(7):1911-1913.

[41] 戴小琳,王二平,张艳萍,等. 顶部设置橡胶坝的复合型溢流堰试验研究[J]. 河南科学,2004,22(2):226-231.

[42] 孙红光,孙朋旭,汤玉苓,等. 混合堰的设计与应用技术研究[J]. 沈阳农业大学学报,2003,34(4):305-307.

[43] 徐海嵩. 窄缝挑流鼻坎水利特性试验研究[D]. 杨凌:西北农林科技大学,2014.

[44] 陈巧威. 溢流堰的体型与行洪能力[J]. 水利科技,2008(4):46-48.

[45] 王均星,等. 巴山水电站溢洪道导水墙体体型优化试验[J]. 武汉大学学报(工学版),2005,38(4):5-8.

[46] 邓洪福,惠源. 不同堰型流量计算公式的初步分析[J]. 重庆工商大学学报(自然科学版),2011,28(6):644-648.

[47] 张绍芳. 堰闸水力设计几个问题综述[J]. 水利水电技术,1997,28(8):58-63.

[48] 童海鸿,艾克明,丁新求. 折线型实用堰过流能力研究[J]. 长江科学院院报,2002,19(2):7-10.

[49] 马成. 实用堰的水力特性的研究[D]. 合肥:合肥工业大学,2007.

[50] 张绍芳. 实用堰流量系数计算[J]. 水文,1994(1):18-24.

[51] 童海鸿,兰芙蓉. 堰高对低堰泄流能力影响的分析[J]. 人民长江,2002,33(11):20-10.

[52] 王火利. 低堰水力特性和堰型选择[J]. 河海水利,2003(5):28-32.

[53] 齐清兰,孟庆才,单长河,等. WES 剖面实用堰流量系数的计算公式[J]. 河北工程技术高等专科学校学报,2002(4):8-9.

[54] 张建民,王玉蓉,许唯临,等. 恒定渐变流水面线计算的一种迭代方法[J]. 水利学报,2005,36(4):501-504.

[55] 陈娓,陈大宏. 溢流堰过堰流动的数值计算[J]. 人民长江,2005,36(1):40-41.

[56] 李西平. 鸭河口水库溢洪道泄流能力研究[J]. 人民长江,2010,41(9):92-94.

[57] 苗隆德,江锋,王飞虎. 驼峰堰的水力特性研究[J]. 西北水资源与水工程,1997,8(1):30-33.

[58] 任苇. 迷宫堰在溢洪道改造中的应用思路[J]. 西北水电,2010(4):42-47.

[59] 曾甄. 迷宫堰水力特性综合研究及其应用[D]. 南京:河海大学,2004.

[60] 彭述明,王兴奎. 都江堰水资源发展战略思考[J]. 水力发电学报,2006,25(3):1-5.

[61] 彭儒武,李保栋,王青,等. 矩形薄壁堰贴壁流的试验研究[J]. 山东农业大学学报,2002,33(2):197-202.

[62] 彭儒武,张昕,王春堂,等. 薄壁堰的研究现状及其在水利工程中的应用[J]. 山东农业大学学报,2004,35(4):625-628.

[63] 孙红光,孙朋旭,汤玉苓. 混合堰的设计与应用技术研究[J]. 沈阳农业大学学报,2003,34(4):305-307.

[64] 张高峰. 基于 ARM 的嵌入式流量测量系统研究[D]. 合肥:中国科学技术大学,2010.

[65] 田间,李贵清,季安. 无坎宽顶堰堰流流量系数的探讨[J]. 水利水电科技进展,2003,23(3):34-35.

[66] 沈长松,王世夏,林益才,等. 水工建筑物[M]. 北京. 中国水利水电出版社,2008.

[67] 王火利. 低堰水力特性和堰型选择[J]. 河海水利,2003(5):28-29.

[68] 齐清兰,孟庆才,单长河,等. WES 剖面实用堰流量系数的计算公式[J]. 河北工程技术高等专科学校学报,2002(4):8-9.

[69] 张建民,王玉蓉,许唯临,等. 恒定渐变流水面线计算的一种迭代方法[J]. 水利学报,2005,36(4):501-504.

[70] 陈娓,陈大宏. 溢流堰过堰流动的数值计算[J]. 人民长江,2005,36(1):40-41.

[71] 王二平,张玉华,张小虎,等. 顶部建橡胶坝的溢流堰体型研究[J]. 人民黄河,2006,28(8):67-69.

[72] 赵玉良,赵雪萍,李松平,等. 鸭河口水库除险加固工程溢洪道水工模型试验[J]. 人民黄河,2011,33(3):90-92.

[73] 王绮,徐杰文. 宽项堰、曲线型低堰水闸泄洪能力计算的可视化程序介绍[J]. 水利水电,2001(1):49-53.

[74] 任西平,李欢,刘善均. 从多角度对 WES 实用堰泄洪能力的深入分析[J]. 四川水力发电,2009,28(6):94-97.

[75] 河南省水利科学研究院. 燕山水库溢洪道、泄洪洞联合运行水工模型试验研究报告[R]. 郑州:河南省水利科学研究院, 2005.

[76] 河南省水利科学研究院. 南水北调中线工程小庄沟倒虹吸水工模型试验研究[R]. 郑州:河南省水利科学研究院, 2006.

[77] 河南省水利科学研究院. 南水北调中线一期工程总干渠老道井左岸排水倒虹吸水工河工模型试验研究报告[R]. 郑州:河南省水利科学研究院,2005.

[78] 河南省水利科学研究院. 鸭河口水库除险加固工程 1#、2#溢洪道水工模型试验报告[R]. 郑州:河南省水利科学研究院,2009.

[79] 河南省水利科学研究院. 济源市城市防洪三湖治理工程——玉阳湖溢洪道水工模型试验报告[R]. 郑州:河南省水利科学研究院,2010.

[80] 河南省水利科学研究院. 河口村水库工程导流洞、泄洪洞单体模型试验研究报告[R]. 郑州:河南省水利科学研究院,2010.

[81] 河南省水利科学研究院,河南省水利工程安全技术重点实验室. 河口村水库枢纽布置及关键技术研究[R]. 郑州:河南省水利科学研究院,2010.

[82] 河南省水利科学研究院. 前坪水库枢纽水工模型试验研究[R]. 郑州:河南省水利科学研究院,2016.

附　图　工作照片

一、部分模型

附图 1　南水北调中线工程沧河、淇河倒虹吸模型(2006 年 5 月)

附图 2　河口村水库工程导流洞、泄洪洞单体模型试验介绍(2009 年 3 月)

附图 3　河口村水库工程泄洪洞单体模型库区(2009 年 3 月)

附图 4　前坪水库工程导流洞、溢洪道和泄洪洞整体水工模型(2015 年 8 月)

附图 5　前坪水库溢洪道断面水工模型(2015 年 8 月)

附图 6　前坪水库泄洪洞单体水工模型(2015 年 8 月)

二、试验测量

附图 7　济源市玉阳湖水工模型试验测量记录(2010 年 5 月)

附图 8　逍遥水库现场查勘(2014 年 3 月)

附图 9　河口村水库工程泄洪洞单体模型 $Q=3\ 205\ \mathrm{m^3/s}$(2009 年 2 月)

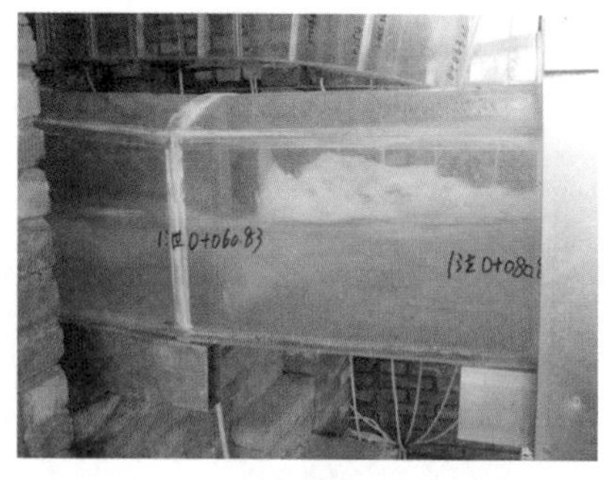

附图 10　河口村水库工程 $1^{\#}$泄洪洞宽墩后水柱击打洞顶(2008 年 4 月)

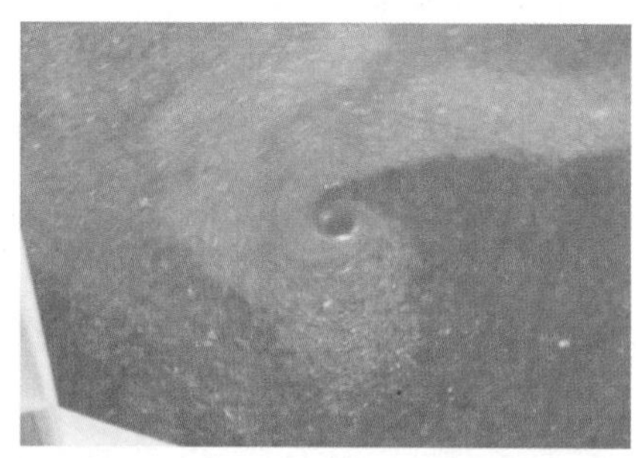

附图 11　河口村水库工程 $1^{\#}$泄洪洞水位上升过程中的间歇性漩涡(2008 年 4 月)

附图 12　河口村水库工程 $2^{\#}$泄洪洞起挑前水流封顶(2008 年 4 月)

附图 13　鸭河口水库除险加固方案 2 000 年一遇汇流流态(2008 年 3 月)

附图 14　济源市玉阳湖水工模型修改方案 500 年一遇溢洪道流态(2010 年 6 月)

附图 15　前坪水库泄洪洞单体模型试验流态(2015 年 8 月)

附图 16　前坪水库溢洪道和泄洪洞 5 000 年一遇(校核)洪水时下游水流流态(2015 年 11 月)

三、审查验收

附图 17　南水北调中线工程倒虹吸模型试验检查(2005 年 5 月)

附图 18　南水北调中线工程沧河倒虹吸模型验收(2006 年 5 月)

附图 19　南水北调中线工程老道井倒虹吸模型验收(2006 年 5 月)

附图 20　南水北调中线工程小庄沟倒虹吸模型验收(2006 年 5 月)

附图 21　南水北调中线工程淇河倒虹吸模型验收(2006 年 5 月)

附图 22　南水北调中线工程小庄沟倒虹吸模型验收汇报(2006 年 5 月)

附图 23　济源市玉阳湖水工模型验收(2010 年 7 月)

附图 24　河口村水库工程泄洪洞单体模型验收(2011 年 5 月)

附图 25　河口村水库工程导流洞、泄洪洞单体模型验收(2011 年 5 月)

附图 26　前坪水库工程溢洪道断面模型试验验收会(2016 年 6 月)

附图 27　前坪水库泄洪洞单体模型试验验收会(2016 年 6 月)

附图 28　前坪水库整体模型试验验收会(2016 年 6 月)

附图 29　前坪水库枢纽水工模型试验研究验收会(2016 年 6 月)

附图 30　逍遥水库迷宫堰水工模型试验研究验收会(2014 年 4 月)